宇宙的故事

星辰大海的探索之旅

冯磊 / 著

王一 / 审

人民邮电出版社

北　京

图书在版编目（CIP）数据

宇宙的故事：星辰大海的探索之旅 / 冯磊著.
北京：人民邮电出版社，2025. -- （图灵新知）.
ISBN 978-7-115-65765-7

Ⅰ．P159-49

中国国家版本馆 CIP 数据核字第 2024L1B314 号

内 容 提 要

在本书中，作者用形象化的比喻、生动的例子和简洁的语言介绍了现代宇宙学的前沿进展，试图让读者在熟悉一些基本物理概念的同时，大体了解现代宇宙学的精髓。尽管篇幅不长，也没有涉及很多复杂艰深的物理概念，作者仍系统地搭建起了现代天文学和宇宙学的框架。无论是仅对天文学和宇宙学感兴趣的读者，还是有志于深入研究的读者，都可以通过本书走进现代宇宙学研究的殿堂。

◆ 著　　　　冯　磊
　　审　　　　王　一
　　责任编辑　魏勇俊
　　责任印制　胡　南

◆ 人民邮电出版社出版发行　　北京市丰台区成寿寺路11号
　　邮编　100164　　电子邮件　315@ptpress.com.cn
　　网址　https://www.ptpress.com.cn
　　雅迪云印（天津）科技有限公司印刷

◆ 开本：880×1230　1/32
　　印张：6.375　　　　　　　　2025 年 2 月第 1 版
　　字数：125 千字　　　　　　2025 年 2 月天津第 1 次印刷

定价：69.80元
读者服务热线：(010)84084456-6009　印装质量热线：(010)81055316
反盗版热线：(010)81055315

自序

　　我第一次开展科普活动，是应好友苏俊之邀到海安中学做一场与宇宙学相关的科普报告。在此之前，我从未接触过科普。接到任务后，我心中略有惶恐，怕做不好。于是，我找到我的博士生导师——著名天文学家陆埙院士（现已故去）。陆老师当时就把他自己的一份演示文稿发给了我，那份演示文稿的题目是"怎样认识宇宙"。陆老师的演示文稿内容包罗万象，讲述由浅入深，既有高深的科学，又有有趣的故事。我是非常幸运的，在科普事业的开端就有一个比较高的起点。

　　我陆续做了很多场科普报告，每年都会参加紫金山天文台九三学社组织的"天文科普进校园"活动，也曾经在空军军医大学的大礼堂给广大官兵做过题为"捕捉失踪的物质"的报告。尽管有陆老师提供的演示文稿，我也尽了最大的努力，但每场科普报告都有很多遗憾与不足。有些关键问题的讲述不是很简明，有些问题的回答不是很到位，更多时候是有一种有心无力的感觉。每场报告后，我都会花一段时间反思如何用更好的方式组织语言，让听众更容易听懂。好在付出总会有回报，后来在几所中学做的科普报告效果越来越好，我能明显感觉到至少部分学生能够准确地理解我讲述的宇宙学内容。

这些科普活动，其实也大大促进了我的科研工作。我对天体生物学的关注，肇始于在空军军医大学所做的报告。当时组织方希望在暗物质和宇宙学之外加一部分和医学相关的内容。我左思右想后决定添加一些对生命起源和天体生物学的思考。从那之后，我会不自觉地思考这些问题。写作本书的时候，有一次凌晨一两点，我忽然灵光一闪，构思出我对生命起源的猜想——星云中继假说。按我本人的经验，科普工作非但不是浪费时间，反而是让人受益匪浅的、非常有意义的事，值得严肃、认真地对待。

本书的目标是用最简单的语言介绍现代宇宙学的最新进展，重点讲解"两暗一黑三起源"问题。"两暗"是指暗物质和暗能量，"一黑"是指黑洞，"三起源"分别是指宇宙起源、天体起源和宇宙生命起源。本书内容涉及的都是科学研究的前沿课题。不过不用担心，本书的定位是让具备中学物理水平的读者能读懂。

在写作过程中，我对内容做了精心筛选。对于非常复杂的天体物理过程，我力求用一些例子或者比喻来形象化地描述出来。尽管本书的篇幅并不长，也没有涉及很多特别复杂的部分，但本书搭建起了现代天文学和宇宙学的框架。虽然本书无法使你成为一个精通现代宇宙学的研究者，但也许能够使你熟悉一些基本概念，大体了解现代宇宙学的精髓。学有余力的读者，可以研读更精深的教材。希望我所做的这些努力，能够引领更多读者了解现代宇宙学甚至走进宇宙学研究的殿堂。

著名科学家史蒂芬·霍金（Stephen Hawking）曾经说过："在书中多写一个公式就会让销量减半。"这几乎成了科普写作的座右铭。我曾经多次走进中学开展科普活动，发现中学生朋友们对描述性内容还能保持兴趣，一旦出现复杂公式，有部分同学就会眉头紧锁。所以在写作本书之前，我定下一个规矩：绝不出现一个数学公式。我在写作过程中有无数次冲动写下公式来说明物理过程，最终都忍住了。

最后感谢本书的第一批读者：我的岳父陈士祥先生、岳母李桂平女士、弟弟冯健先生、弟媳杨国女士、夫人陈媛媛副研究员和儿子冯谨。感谢你们对本书的行文逻辑和文字内容提出宝贵意见。感谢女儿冯松童在我写作过程中的温馨陪伴。

谨以此书献给我的父亲冯立忠和母亲王学花。

目录

第 1 章

什么是宇宙

什么是宇宙？战国时期著名思想家尸佼在其著作《尸子》中曾给出如此定义："四方上下曰宇，往古来今曰宙。"这个定义包含了两层含义——时间和空间，也就是说，宇宙学研究的是宇宙的万物与古往今来，宇宙就是我们的认知所及的时空。这个定义反映了古人的智慧，即使在今天看来，也是非常贴切的。

伟大的浪漫主义爱国诗人屈原在其绝世名篇《天问》中，开篇就提出了关于宇宙起源和物质起源的问题。这些问题深邃而高远，也是人类永恒追求的问题。

遂古之初，谁传道之？

上下未形，何由考之？

冥昭瞢暗，谁能极之？

冯翼惟象，何以识之？

明明暗暗，惟时何为？

阴阳三合，何本何化？

圜则九重，孰营度之？

惟兹何功，孰初作之？

　　类似的诗句还有很多。比如苏轼在《水调歌头·明月几时有》中开篇即发问："明月几时有？把酒问青天。不知天上宫阙，今夕是何年？"李白也有类似的疑问，他在《把酒问月·故人贾淳令予问之》中写道："青天有月来几时，我今停杯一问之。"这些问题其实都涉及月球的起源。

　　哲学上有三个基本问题："我是谁？我从哪里来？我要到哪里去？"古人对这三个问题的追寻，往往是猜测性的，或者说是唯心主义的。这三问，你是不是很熟悉？把这三问中的"我"换成"你"，就是保安大哥最常说的三句话。从这个角度来说，哲学家、粒子宇宙学家和保安大哥其实干的是一码事。

　　只有在现代宇宙学时代，我们才渐渐有了科学而理性的答案。现代宇宙学研究的重点可以简单概括为"两暗一黑三起源"。本书的写作初衷就是介绍现代宇宙学的最新进展，启迪读者思考。

1.1　古人的宇宙观

《晋书·天文志》言道："古言天者有三家，一曰盖天，二曰宣夜，三曰浑天。"这是说中国古代有三种宇宙观，分别是盖天说、宣夜说和浑天说。

盖天说可能是中国最古老的宇宙观，它还有另外一个名字——天圆地方（见图 1-1）。周髀家云，"天圆如张盖，地方如棋局"（《晋书·天文志》），意思是，天像一个"锅盖"罩着方如棋盘的大地。大地的四周是大海。日月星辰就在天盖上日日升起降落。北朝民歌《敕勒歌》写道："敕勒川，阴山下。天似穹庐，笼盖四野。"这里对世界的描述其实也是盖天说。电影《楚门的世界》里的主人公生活的摄影棚，和盖天说中的描述有些类似。

图 1-1　按"天圆地方"理念设计的中国闽台缘博物馆。图片来源：视觉中国

天像"锅盖"罩着大地，那天塌下来怎么办？这就是杞人忧天的故事。但宣夜说可以帮你打消疑虑。《晋书·天文志》记载："宣夜之书亡，惟汉秘书郎郗萌记先师相传云，天了无质，仰而瞻之，高远无极，眼瞀精绝，故苍苍然也。譬之旁望远道之黄山而皆青，俯察千仞之深谷而幽黑。夫青非真色，而黑非有体也。日月众星，自然浮生虚空之中，其行其止皆须气焉。是以七曜或逝或住，或顺或逆，伏见无常，进退不同，由乎无所根系，故各异也。"这段古文是说，天并不是一个如同"盖子"的实体，而是"无质"且"虚空"的，日月星辰则漂浮在虚空之中。天成了"虚空"的空间，自然就不会"塌下来"了。

浑天说的提出早至战国时代，但能将其真正系统地表述清楚的是东汉时期的科学家张衡。他在《浑天仪图注》中写道："浑天如鸡子，天体圆如弹丸，地如鸡子中黄，孤居于天内，天大而地小。天表里有水，天之包地，犹壳之裹黄。天地各乘气而立，载水而浮。"浑天说较盖天说有明显进步，张衡认为天和地的关系如同鸡蛋的蛋壳和蛋黄。地球就像蛋黄漂浮在蛋壳中，而星星都分布在天球上。浑仪是以浑天说为理论基础制造的古代天文观测仪器，可以测量所观测星体的天体球面坐标。浑仪最早由西汉落下闳制造，并由东汉张衡改进。元代天文学家郭守敬又将浑仪简化，创制了简仪。现存最早的浑仪制造于明朝，陈列在南京紫金山天文台科普园区。

　　地心说（也叫天动说）是古希腊人的宇宙观。该学说认为地球是宇宙的中心，其他星球都环绕地球运行（见图 1-2）。古希腊天文学家克劳迪乌斯·托勒密（Claudius Ptolemy）是地心说的集大成者，他提出了"本轮"的概念，并解释了某些行星的逆行现象。从地球上看，其他行星大部分时间自西向东划过夜空，但在某些特定时间会往相反的方向运动。为了解释这种现象，托勒密提出，行星除了沿地球轨道，还会沿一些小轨道运转。这就是"本轮"的概念。后来，天主教教会把地心说指定为"正统理论"。

图 1-2　地心说示意图。中心的蓝色天体为地球，从内到外的天体依次是月球、水星、金星、太阳、火星、木星和土星。图片来源：维基百科

　　其他古代文明也有自己的宇宙观，就不在这里一一介绍了。因为认识手段不足，古人的宇宙观必然有很大的局限性。但这些学说都是古人经过长时间探索提出来的，也都有其进步性。

1.2　宇宙的物质层次

　　诺贝尔物理学奖得主谢尔登·李·格拉肖（Sheldon Lee Gla-show）曾经手绘过一张衔尾蛇图，生动形象地描绘了宇宙各个尺度在科学上的统一。从蛇尾到蛇头，物质尺度从最小的普朗克尺度渐次增大，依次对应基本粒子、原子核、原子、分子、微生物、人、山川、行星、太阳、太阳系、星系及遥远的宇宙等不同尺度的物质层次，不同物质层次的物质运动规律依次对应自然科学的各个学科：物理学、化学、生物学、地质学和天文学。［详情请参考格拉肖的著作《物理学的魅力》（*The Charm of Physics*）。如果你读完这本书，会对图 1-3 有更深刻的认识。］

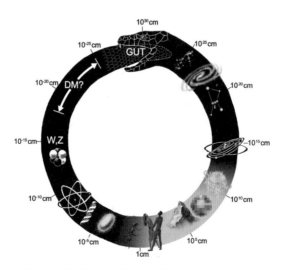

图 1-3　格拉肖之蛇。图片来源：Abrams, Primack 2006

　　蛇头衔着蛇尾，代表宇宙学尺度的演化和粒子物理学是有机统一的整体——这个学科叫**粒子宇宙学**。该领域的科学家认为，宇宙的演化过程，尤其是宇宙早期的演化过程，其实是粒子的物理相互作用过程。在本节中，我们会从微观和宏观两个尺度讨论物质的基本组成与宇宙的物质分布。

1.2.1　物质的微观结构与基本粒子

　　物理学家把比原子还小的粒子称为**亚原子粒子**，把不可再分的粒子称为**基本粒子**（见图 1-4）。1917 年，欧内斯特·卢瑟福（Ernest Rutherford）利用 α 粒子撞击氮原子核，提取到氢原子核，也就是质子。他认为质子是氮原子核与所有更重的原子核的基础材料，卢瑟福因此被公认为质子的发现者。中子的概念也是卢瑟福提出的，并于 1932 年由詹姆斯·查德威克爵士（Sir James Chadwick）用 α 粒子轰击硼 -10 原子核的实验最终证实。需要注意的是，亚原子粒子未必是基本粒子，比如很多原子核由质子和中子构成，质子和中子是亚原子粒子，但不是基本粒子。它们都是由夸克组成的，我们将在下文中介绍夸克的概念。

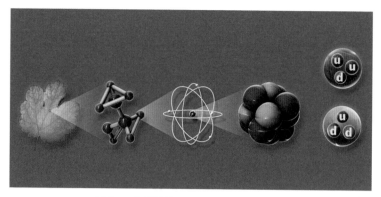

图 1-4　物质的结构分解。图片来源：视觉中国

　　电子是历史上首个被发现的亚原子粒子，也是首个被发现的基本粒子。1897 年，卡文迪什实验室（Cavendish Laboratory）的 J. J. 汤姆孙（J. J. Thomson，见图 1-5）利用真空度更高的真空管和更强的电场，发现了阴极射线的偏转，并计算了阴极射线粒子的电荷量与质量的比值（简称荷质比）。他发现阴极射线粒子的荷质比大约是电离氢的 1700 倍。这说明新发现的粒子的质量非常小，比质量最轻的原子——氢原子——小得多。汤姆孙因此认为电子是组成原子的基本粒子，并且利用实验确凿地证实了这一论断。汤姆孙被公认为电子的发现者，享誉后世。

图 1-5　英国物理学家 J. J. 汤姆孙（左）与欧内斯特·卢瑟福（右）。
图片来源：诺贝尔奖网站

　　现在我们知道，原子是由外层的电子和中心的原子核组成的。电子和原子核是怎么分布的呢？汤姆孙认为电子和原子核的排布像枣糕，电子是点缀在枣糕里的红枣，所以这个模型被称为"枣糕模型"。1909 年，卢瑟福领导的实验组利用 α 粒子（其实就是氦原子核）轰击金箔纸，发现 α 粒子可以被大角度散射。这一现象彻底推翻了"枣糕模型"。卢瑟福认为原子的中心是一个大质量、小尺度、带正电荷的原子核，而带负电的、非常轻的电子环绕在原子核外。这一模型被称作卢瑟福原子模型，它很像行星围绕太阳运动。后来尼尔斯·玻尔（Niels Bohr）又提出了玻尔原子模型，他认为电子只能处于特定的能量状态。虽然该模型解决了原子结构稳定性的问题，但仍然没有消除所有的疑惑。直到量子力学创立后，科学家才理解了原子的微观物理机制。

原子核之间或原子核与外来的亚原子粒子发生碰撞时，会发生核素的变化，我们称之为核反应。核反应共有两种：核裂变和核聚变。核反应过程中会发生质量亏损，也就是说，反应之后粒子的总质量小于反应之前粒子的总质量。根据爱因斯坦质能关系，这个过程中损失的质量都会变成前人难以想象的巨大能量。

核裂变指的是重原子核在其他原子核的轰击下分裂成两个或更多个质量更小的核子的核反应。图 1-6 上图展示的是快中子轰击铀 -235 的核裂变过程，后者被轰击后会产生钡核和氪核，同时放出 2 ~ 3 个中子。这些中子的能量很高，它们会继续轰击其他铀原子，引发新的裂变反应，进而形成链式反应。原子弹和核电站的能量都是通过这种方式产生的。核聚变指的是在一定条件下（通常是超高温和高压），两个较轻的原子核碰撞到一起发生聚合作用，生成一个新的、更重的原子核的过程。这一过程前后的质量亏损更大，所以释放出的能量也更多。图 1-6 下图展示的是氢的同位素氘（由一个质子和一个中子组成）和氚（由一个质子和两个中子组成）发生核聚变反应生成氦和中子的过程。氢弹就是利用核聚变反应制造而成的。相比原子弹，氢弹具有更大的能量和更强的破坏力。核聚变过程释放的能量巨大，产生的粒子温度极高，现在还难以在人们的控制下长时间有序地释放能量。可控核聚变能够释放巨大的能量，而且不产生核废料，是理想的绿色能源。科学家正在努力研究，期待可控核聚变能早日造福人类。2021 年，中国科学院合肥物质科学研究院的"人造太阳"EAST 以 1.2 亿摄氏度持续"燃烧"了 101 秒，一举将原世界纪录延长到了原来的 5 倍多。这是一项非常了不起的成就，它使得我们离可控核聚变又近了一步。

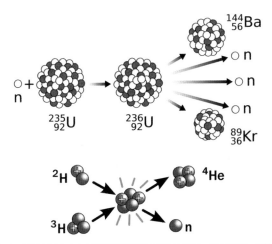

图 1-6　核裂变反应（上）和核聚变反应（下）示意图。图片来源：维基百科

　　如图 1-7 所示，基本粒子大体可以分为：夸克、轻子、规范玻色子和标量玻色子（希格斯玻色子）。每种粒子都还有相对应的反粒子。英国物理学家保罗·狄拉克（Paul Dirac）在 1928 年预言，每一种粒子都应该有一个与之相对的反粒子，比如电子的反粒子是正电子。正粒子和反粒子具有相同的质量和自旋量子数，但是携带的电荷相反。1932 年，美国物理学家卡尔·安德森（Carl Anderson）在对宇宙线的研究中证实了正电子的存在。质子和中子的反粒子分别是反质子和反中子，这些粒子也都在实验室中被制备

出来了。物质和反物质相遇，会把自身的质量全部转化成能量，发生湮灭反应而爆炸。

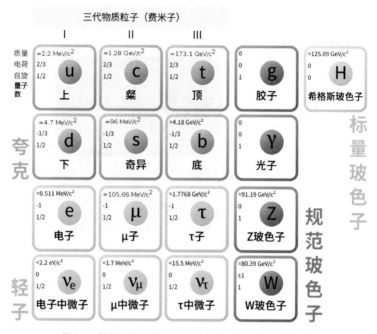

图 1-7 粒子物理标准模型中的基本粒子。图片来源：维基百科

夸克由美国科学家默里·盖尔曼（Murray Gell-Mann）和乔治·茨威格（George Zweig）最先引入物理学研究中。夸克按"味道"分为 6 种：上夸克、下夸克、粲夸克、奇异夸克、顶夸克和底夸克。夸克都是费米子，带有分数电荷。此外，夸克还带有"颜色"指标，每种"味道"的夸克有 3 种"颜色"。夸克是构成重子和介子的基本单位，比如质子和中子都由 3 个夸克组成，介子由一

个夸克和一个反夸克组成。需要指出的是，夸克不是独立存在的，而是和其他夸克一起组成重子和介子的。

轻子也是费米子，带有单位电荷。轻子也有 6 种：电子、μ 子、τ 子和与之相对应的电子中微子、μ 中微子和 τ 中微子。μ 子和 τ 子的性质与电子类似，但质量更重，是电子的"胖表兄弟"。μ 子和 τ 子都是不稳定粒子，寿命非常短。

中微子的发现最具传奇性。科学家很早就发现，在 β 衰变过程中，衰变产物的能量、动量和角动量都不守恒。很多科学家认为，也许在微观世界中，能量守恒定律不再成立。但奥地利物理学家沃尔夫冈·泡利（Wolfgang Pauli）反对这种猜想。他认为有一种质量非常小的中性粒子——也就是现代粒子物理中的中微子——带走了"消失"的那部分能量和动量。中微子是电中性的，质量非常轻，不参与强相互作用和电磁相互作用。由于中微子和其他物质的作用非常弱，它穿过普通物质时不会受到太多阻碍，因此在实验室中探测它比较困难。

顾名思义，规范玻色子都是玻色子。规范玻色子的"角色"是传递粒子间的相互作用，比如光子传递的是电磁相互作用，胶子传递的是强相互作用，另外两种规范玻色子（W 玻色子和 Z 玻色子）传递的是弱相互作用。

希格斯玻色子单独归为一类，即标量玻色子。它是已知标准模型中最晚被发现的一种基本粒子。希格斯玻色子又叫"上帝粒子"。

很多其他粒子通过与希格斯玻色子耦合及希格斯场的对称性自发破缺机制获得质量。

1.2.2 太阳系

天上一闪一闪的星星是遥远的恒星，而离我们最近的恒星便是我们最熟悉的太阳。在本节中，我们会以太阳系为例讲述恒星及其行星系统。对太阳的记录自有文字就开始了，甲骨文中就有关于日食的卜辞，《汉书·五行志》中有关于太阳黑子最早的记载："日出黄，有黑气大如钱，居日中央。"

太阳是地球生命之源。我们日常食用的米、面、肉、蛋等食物中的能量归根结底来自绿色植物的光合作用。我们平常用的煤炭、石油和天然气等能源，是古代动植物遗体经过亿万年产生的"化石"，其能量归根结底也来自太阳。地球温度的维持靠太阳光的照射，一年四季的差异也源自日照角度的不同。可以说，没有太阳就没有地球生命。

在天文学上，太阳是一颗非常普通的黄矮星。太阳的直径大约是地球的 109 倍，其质量大约是地球质量的 33.3 万倍。太阳主要由氢组成，它约占太阳总质量的 3/4，剩下的主要是氦和少量的其他元素。太阳的寿命约为 100 亿年，目前太阳的年龄大约是 45.7 亿岁，正值壮年。

　　环绕太阳运转的天体共有 3 类：行星、矮行星和太阳系小天体。图 1-8 展示的是太阳系的行星和主要的矮行星。行星由内而外依次为：水星、金星、地球、火星、木星、土星、天王星和海王星。离太阳最近的 4 颗行星是岩质行星，外面 4 颗是气态行星。除水星和金星，其他行星还有卫星。地球的卫星就是为我们带来皎洁月光的月球。迄今为止，太阳系中共发现了 285 颗卫星，其中土星有 146 颗，木星有 95 颗，天王星有 27 颗，海王星有 14 颗，火星有 2 颗。这些卫星在体积和质量上也有非常大的差异，半径大于 1000 千米的大个头卫星共有 7 颗，月球是其中之一（见图 1-9）。

图 1-8　太阳系的行星和主要的矮行星。图中大小按比例绘制，距离不依比例。图片来源：NASA/Patricka

图 1-9　地球唯一的卫星——月球。图片来源：维基百科

　　以前太阳系的行星还包括冥王星，但许多与冥王星大小相差无几的天体也陆陆续续被发现了。当时的天文学家面临着要么扩充行星数量，要么把冥王星"开除"出大行星队伍的选择。2006 年 8 月 24 日，在第 26 届国际天文学联合会上，天文学家投票把冥王星"开除"出大行星队伍，并将其作为矮行星这个新类型的原型。之后，谷神星、阋神星、鸟神星、妊神星等也被判定为矮行星。

环绕太阳运转的其他天体被统称为太阳系小天体。需要指出的是，大行星的卫星（如木卫二）不属于太阳系小天体。太阳系小天体有小行星、彗星等。一些科学家认为，彗星的主要成分是水冰。靠近太阳的时候，彗星表面的物质会气化和电离，形成一圈可见的大气层。再加上太阳辐射和太阳风的作用，我们就看到了彗星长长的尾巴。最出名的彗星应该是哈雷彗星（见图 1-10）。它每 76.1 年环绕太阳一周，我们每隔 76.1 年才能目睹一次哈雷彗星的芳容。哈雷彗星上次到访是 1986 年，我们下次可以在 2061 年看到哈雷彗星。

图 1-10　哈雷彗星。图片来源：NASA/W. Liller

　　小行星是由岩石和不易挥发的物质组成的固态天体，主要分布在火星和木星之间的小行星带。但也有一些离地球比较近的小行星，这些近地小行星对地球甚至有潜在威胁，如个头很大的近地小行星图塔蒂斯小行星（见图 1-11）。1908 年 6 月 30 日，一颗直径约 60 米的小行星撞向地球，并在俄罗斯西伯利亚通古斯河附近上空发生爆炸。这次爆炸摧毁了该地区约 2000 平方千米的森林，所幸由于人口稀少，无人员伤亡报告。2013 年 2 月 15 日，俄罗斯车里雅宾斯克州发生天体坠落事件，造成 1200 多人受伤。2019 年 7 月 25 日，一颗直径约 100 米的小行星以 24.5 千米 / 秒的速度与地球擦肩而过。这颗编号为"2019 OK"的小行星离地球最近时距离仅有 7.25 万千米，不足地月距离的 1/5。更令人心有余悸的是，因为太阳强光的遮蔽，直到这颗小行星靠近地球的前一天，它才被巴西 SONEAR 天文台发现。如此大的小行星如果撞击人口密集的城市，后果不堪设想。到目前为止，天文学家一共发现了超过 1600 颗可能撞击地球的"潜在威胁近地小行星"，其中绝大多数对地球存在致命威胁的小行星被登记在册。中国科学院紫金山天文台的近地天体望远镜就发现过多颗这样的"潜在威胁近地小行星"。

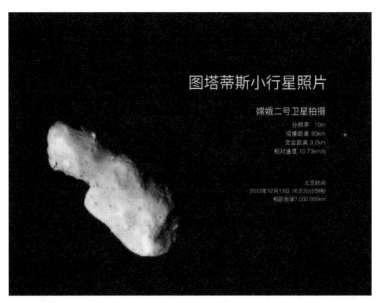

图 1-11　嫦娥二号拍摄的图塔蒂斯小行星的照片。图片来源：中国国家航天局

1.2.3　星系、星系团和超星系团

星系是由恒星、黑洞、中子星、星际气体、尘埃和暗物质等各种天体和物质组成的运行系统。星系质量巨大，普遍有几百亿到几千亿颗恒星。星系是构成宇宙的基本单位，主要有 3 类：椭圆星系、旋涡星系和不规则星系。

"不识庐山真面目，只缘身在此山中"，我们对银河系的认识就像这句诗中描述的情景。经过多年的观测和研究，我们直到最近才弄明白银河系其实是一个棒旋星系（旋涡星系中的一种），其想象图见图1-12。

图 1-12　银河系想象图。图片来源：NASA/JPL-Caltech/ESO/R. Hurt

星系团（见图 1-13）是由星系组成的自引力束缚体系，通常包括数百到数千个星系。星系数量较少的星系团叫作星系群。星系团主要由暗物质组成，后者占到前者质量的 90%。比星系团更大的结构是超星系团，由若干数量的星系团聚在一起。

图 1-13 星系团 IDCS 1426。图片来源: NASA

银河系所在的星系群叫作本星系群，大约有 50 个星系。本星系群和邻近的星系团共同组成室女超星系团。室女超星系团又是拉尼亚凯亚超星系团的一部分。这就是我们在宇宙中的位置。图 1-14 展示的是拉尼亚凯亚超星系团的星系分布，其中红色的点代表银河系。从图中我们可以看出，物质分布呈丝状结构。关于这一点，我们会在暗物质部分详细讨论。

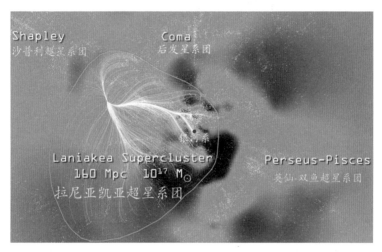

图 1-14　拉尼亚凯亚超星系团。图片来源：R. Brent Tully et al. *Nature*, vol 513, number 7516, p71

1.2.4　宇宙的物质分布

要搞清楚宇宙的物质是如何分布的，我们需要用到红移巡天技术。红移巡天，也叫星系巡天，是指对宇宙中的星系等天体开展"普查"，记录每个星系的空间位置并测量星系的红移。红移的概念，我们将在第 4 章详细讨论，在这里我们只需知道，红移代表该星系在远离我们。结合星系红移和位置的数据，就可以得到宇宙中星系的空间分布。红移巡天的结果被用来研究宇宙大尺度结构的性质。

　　图 1-15 展示的是 2 度视场星系红移巡天项目给出的邻近星系分布图。整个近红外天空的全景影像完美展示了银河系之外的星系分布。星系的颜色代表其与我们距离的变化方向和速度。蓝色的点代表星系在接近我们，且速度较快；绿色的点代表星系在接近我们，但速度较蓝色代表的星系更低；红色的点则代表此星系在远离我们。中间的空白地带是银河系在天图上的位置。银河系的星际介质会吸收可见光，使远处的星系非常暗淡，所以这部分天区的观测非常困难。

图 1-15　2 度视场星系红移巡天项目给出的邻近星系分布图。图片来源：IPAC/Caltech

图 1-16 展示的是斯隆数字化巡天项目给出的星系分布图。斯隆数字化巡天项目是利用美国新墨西哥州阿帕奇天文台的 2.5 米口径望远镜开展的红移巡天项目，计划扫描 25% 的天空，获取数以百万计的星系的光谱数据。

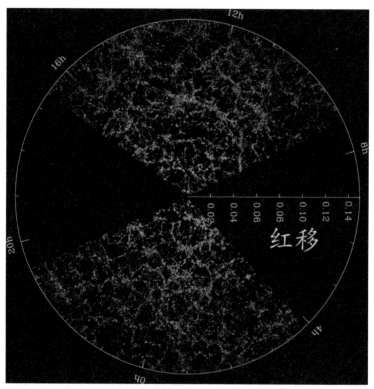

图 1-16　斯隆数字化巡天项目给出的星系分布图。图片来源：斯隆数字化巡天合作组

至于我们在可观测宇宙中所处的位置，可见图 1-17，你也许能够从中体会到宇宙的无垠和地球的渺小。

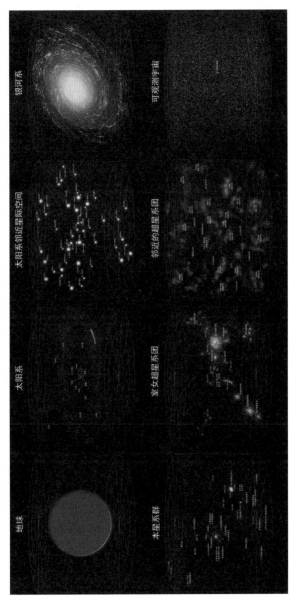

图 1-17 地球在宇宙中的位置。图片来源：维基百科

1.3 宇宙是稳恒不变的吗

太阳落山后，暗夜中伸手不见五指，大家对此习以为常。但这背后还隐藏着一个非常深刻的宇宙学事实，这就是著名的**奥伯斯佯谬**。它由德国天文学家海因里希·奥伯斯（Heinrich Olbers）于19世纪20年代提出：如果宇宙是静止、均匀和无限的，那么夜晚的天空应该和白天一样明亮。显然，这一结论和事实不相符，这说明在此之前的基础假设或者推论过程是有问题的。那么问题出在哪里呢？

我们以图 1-18 为例，谈一下奥伯斯佯谬。图中的天区 1 ~ 4 分布着很多发光天体。这些天体发的光需要一定的时间才能到达地球，这里的时间为距离除以光速。如果宇宙在时间轴上向前和向后都是无限的，那么无论多远的天体，它发的光一定会照射到地球上。当然，位于天区 4 的天体因为离得远，看起来会更暗淡一些。但是，天区 4 的光源数目比天区 1 多，前者多出的数量刚好能抵消因更远的距离带来的天体亮度衰减。因此，就到达地球的光子数量而言，天区 1 和天区 4 的贡献是相同的。如果宇宙是无限的，宇宙在时间轴上无始无终，那么宇宙所有地方发出的光都应最终照到地球上，而且是无限量的。地球根本就不会有白天与黑夜，而应永远处于无限明亮的白昼中。

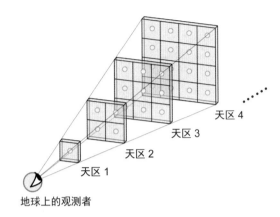

图 1-18　不同距离的天体的发光强度分析。图片来源：维基百科

我们之前提出了 3 个前提假设：宇宙是静止、均匀和无限的。到底哪个或者哪几个出了问题？

物理学上的多普勒效应是指这样一种现象：波源和观测者有相对运动时，观测者接收到的波的频率与波源发出的波的频率并不相同。如果波源距离观测者越来越近，那么观测者接收到的波长会变短，频率会变高。如果波源与观测者相互远离，那么观测者接收到的波长就会变长，频率会变低。如果这个变长的波是电磁波，则其会向光谱的红端靠近，我们把这个现象叫**红移**。美国天文学家埃德温·哈勃（Edwin Hubble，见图 1-19）发现，除了少数邻近的星系，其他所有的星系发出的波都向光谱的红端移动。这说明这些星系都在远离我们，而且星系离我们越远，远离我们的速度越快。这个现象叫**哈勃 - 勒梅特定律**。

图 1-19　美国天文学家埃德温·哈勃。图片来源：维基百科

　　这说明宇宙是膨胀的。通过对膨胀速度的进一步测量与计算，科学家发现宇宙是在加速膨胀的。那么，我们可以认为宇宙在越早期越小。也就是说，宇宙是由小到大不断"成长"起来的。哈勃－勒梅特定律的发现，证实了宇宙是在膨胀的，也证明了宇宙有一个时间上的起点。

　　如果宇宙有寿命，那么奥伯斯佯谬就好理解了。光的速度是有限的，大约为 30 万千米 / 秒。遥远的天体发出的光还无法到达地球，也就是说，可观测宇宙是有边际的。只有这个可观测宇宙边界之内的天体发的光才能照射到地球上。当然，事情其实还要更复杂一些。我们此刻看到的遥远天体的光，其实是这个天体很早以前发的光。可见宇宙的边际，其实就是宇宙起点的遗迹。宇宙的年龄大约是 138 亿岁，但是宇宙诞生之后就在不断膨胀，所以我们能看到的宇宙的范围要比 138 亿光年大很多。但我们在光学上可见的宇宙终归是有限的（半径约为 465 亿光年，见图 1-20），这个范围以内的天体发出的光能够到达地球。所有这些光源发的光所能到达地球的总量并不是特别大，所以我们现在的夜空是暗的。

图 1-20　可观测宇宙的范围。图片来源：维基百科

除了上述原因，还有一个因素会影响夜空的亮度——时空的膨胀引起的遥远天体的光谱红移。也就是说，只有高能光子才会因为

红移的影响变成能够引发视网膜光感的可见光。而高能光子的数量较少，不足以让夜空明亮。

人类对静态宇宙学的坚持是非常"顽固"的。爱因斯坦为了消除广义相对论的膨胀宇宙解，在理论中人为引入了宇宙学常数。连爱因斯坦这样的大科学家都笃信静态宇宙的观念，就更别说普通人了。有趣的是，宇宙学常数非常具有戏剧性，它又以暗能量的形式回到了我们的理论中。"大爆炸"理论刚被提出来的时候，还有一个被称为"稳恒态"的模型和它竞争。这种对抗持续了很多年，最终稳恒态宇宙学惨败。人类对静态宇宙学的坚持，原因之一是静态宇宙更符合我们的日常感受；还有一个原因是，静态宇宙模型更能给我们安全感。事实上，"大爆炸"模型给出的宇宙前景，也许会令人悲观和沮丧。如果暗能量在宇宙中所占的比重越来越大，那么宇宙的膨胀速度也会越来越快，最终有可能撕裂星系、恒星甚至原子。这就是"大撕裂"宇宙模型。在这个模型下，宇宙中的物质终将解体，最终只剩下非常"冷"的基本粒子像幽灵一样在宇宙中游荡。当然，这样的场景不是必然会发生的。至于宇宙的归宿如何，还需要进一步研究，相关内容详见第 9 章。

漆黑一片的夜空证明宇宙并非处于稳恒态，这也是"大爆炸"理论最初的证据之一。现代宇宙学研究始于广义相对论和哈勃 - 勒梅特定律的发现，经过人类逾百年的努力，已经成为一门严谨而成熟的学科。

第 2 章

宇宙的"信使"

　　古人仰望星空，看到了皎皎明月和满天繁星。这其实就是宇宙通过它的"信使"——可见光——向我们传递信息。通过这些"信使"，古人区分出了金、木、水、火、土等行星，认识了彗星、超新星和北天肉眼可见的 3000 多颗恒星。

　　人类的好奇心是宇宙探索的不竭动力。人类陆续开发出各种观测手段，建造了射电、红外、紫外、X 射线和伽马射线等接收电磁信号的天文望远镜。除了电磁波"信使"，我们还陆续知道了宇宙中的其他"信使"，如宇宙线、中微子、引力波等。这极大地扩展了我们认识宇宙的手段，也让我们获得了更多关于宇宙的信息。我们将在本章中详细地讨论宇宙"信使"和相应的观测手段。

2.1 最早的"信使"——光

2.1.1 电磁相互作用与电磁波

我们先来聊一下什么是场。场是一个以时空为变数的物理量，空间中弥漫着的基本相互作用被命名为"场"。场可以分为标量场、向量场和张量场等，依据场在时空中每一点的值是标量、向量还是张量而定。比如速度场，就是时空中任何一点都有一个速度向量。

人们其实很早就开始认识并应用电和磁了，比如指南针就是利用地磁场实现小磁针的指向。电荷有正电荷和负电荷两种，它们遵循同性相斥、异性相吸的规律。两个电荷之间的力，正比于二者带电量的乘积，反比于两个电荷距离的平方。同时，运动的电荷（或者说电流）可以产生磁场，磁场的方向由安培定则给出。

两个电荷离得非常远，怎么还能相互作用呢？物理学家坚信相互作用都是局域性的，也就是说，两个电荷要通过一种特殊的"物质"发生相互作用，而不是超距作用。科学家因此引入了场的概念：电荷周围产生电场，带电粒子在电场中会受到电场力；电流可以在导线附近产生磁场，使小磁针偏转。

现在大家都把电场和磁场合在一块儿统称为电磁场，因为电场和磁场可以互相转化——变化的电场可以产生磁场，变化的磁场也可以产生电场。电磁场的变化规律可由麦克斯韦方程组描述。

一个振荡中的电场会产生振荡的磁场，而一个振荡中的磁场又会产生振荡的电场。这些连续不断同相振荡的电场和磁场共同形成了电磁波（见图 2-1）。电磁波首先由麦克斯韦在理论上预言存在，而后由德国物理学家海因里希·赫兹（Heinrich Hertz）在实验中证实。麦克斯韦计算发现电磁波的速度与光速相等，于是他认为，光也是一种电磁波。

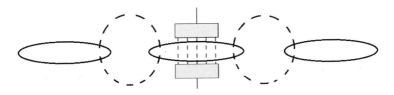

图 2-1　电磁波的产生。椭圆形实线代表磁场，虚线代表电场

2.1.2　不同频率的光

现在我们知道，可见光的确是特定波段的电磁波，对应的波长范围是 390 ～ 770 纳米。波长在 450 ～ 495 纳米的电磁波就是我们平常所说的蓝光，波长在 620 ～ 770 纳米的电磁波就是红光。波长更长的有红外线和无线电波，更短的有紫外线、X 射线和伽马射线等。

不同波长的电磁波具有不同的折射率。牛顿首先发现，一束白光经过三棱镜的时候，会被分散成红、橙、黄、绿、蓝、靛、紫 7

种主要颜色的光（见图 2-2）。这种现象被称为**色散**。可见光有色散现象，其他波段的电磁波同样有色散现象。彩虹的产生原理正是色散，折射白光的是空气中的小水滴。

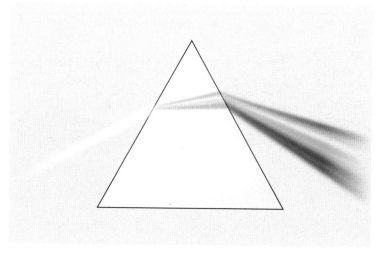

图 2-2　三棱镜产生的色散。图片来源：维基百科

有温度的物体会不停地向外发射电磁波，物体温度越高，电磁波波长就越短，反之则越长。比如人体温度约为 37 摄氏度，发出的是红外线。太阳的表面温度约为 5500 摄氏度，它发出的是可见光。X 射线又叫伦琴射线，是一种波长更短的电磁波，它由德国物理学家威廉·伦琴（Wilhelm Röntgen）于 1895 年在实验中发现并命名。伦琴也因此发现获得了首届诺贝尔物理学奖。X 射线的穿透力非常强，且不同的生物组织对 X 射线的吸收程度也不同。X 射

线照射生物组织经过曝光之后，骨骼等对 X 射线吸收强的部分就会在底片上成像。这一技术也因此被广泛地应用于医学领域。

能量最高的电磁波是伽马射线，它具有非常高的能量，穿透力也非常强。伽马射线的照射会破坏有机体中的细胞和组织，程度严重时会导致细胞甚至生命体死亡。伽马射线还可以在不稳定的原子核衰变、核爆炸等过程中产生。天文学上的很多事件也会产生伽马射线，最出名的是伽马射线暴。伽马射线暴是天体碰撞或者死亡时产生的短时、剧烈的电磁脉冲事件，可以说是宇宙中最激烈的能量爆发过程。银河系内如果发生一次伽马射线暴，就可能给地球生命带来致命打击。

各种频段的电磁波是遥远天体最重要的"信使"，也是我们认识宇宙最重要的手段。

我们从前面的讨论知道，可见光是特定波段的电磁波，可见光波长范围之外的电磁波，大部分人是无法用肉眼直接看到的（当然，这个范围因人而异，部分人群甚至可以看到 310 纳米的紫外光或 1100 纳米的近红外光），但是我们知道它真实存在，并和我们的生活息息相关。

全频段的电磁波见图 2-3，波长越长，其频率越低，能量也越低，反之则越高。波长最长、频率最低的电磁波是无线电波，而后依次是微波、红外线、可见光、紫外线、X 射线和伽马射线。收音机接收的信号是无线电波，而微波炉就是基于微波加热水分子的原理加热食物的。红外夜视仪利用的就是物体发射的红外线。紫外线、X 射线和伽马射线具有很高的能量，生活中要尽量减少接触。

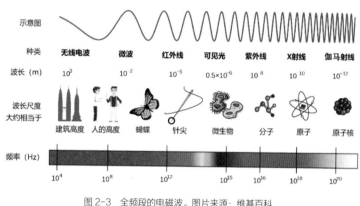

图 2-3　全频段的电磁波。图片来源：维基百科

实际上，任何有温度的物体都会发射电磁波。物体温度越高，发射的电磁波波长越短。比如人体发射的电磁波是红外线，红外夜视仪可以接收人与动物发射的红外线，帮助我们在黑暗环境中"看到"人与动物。利用温度与波长的对应关系，我们还可以通过测量恒星发射的电磁波的波长来计算其表面温度。

不同波段的电磁波穿透大气的能力是不同的。可见光和射电波段的电磁波穿透力非常强，它们能够穿透整个大气层。而 X 射线和伽马射线的穿透力比较弱，这些来自宇宙空间的粒子都被地球大气吸收了，很难到达地面。天文学家根据不同波长的电磁波的性质，设计了相应的探测仪器，以获得尽可能多的宇宙信息。

2.1.3 光学望远镜

人的眼睛其实是一个光学成像系统,而且是非常高明的系统。但是人眼太小了,能够接收到的光子有限,暗的物体发射的光子数目少,难以在视网膜上清晰成像。如果人眼变得足够大,就能看到那些暗的天体,光学望远镜就是这样一个装置。望远镜的口径越大,其对天体细节的分辨能力越强,望远镜也因此越建越大。

光学望远镜可以按照光路系统的不同分为折射式、反射式和折反式。折射式望远镜的原理和人眼一样,利用凸透镜成像达到放大的目的。但折射式望远镜有个很大的缺点:不同颜色的光具有不同的折射率,来自同一天体的不同颜色的光若不能汇聚到一个点上,就会产生五颜六色的相差。这个现象会严重影响望远镜的成像效果,所以现代的大型光学望远镜都是反射式和折反式的。

图 2-4 是紫金山天文台盱眙观测站及其近地天体望远镜。盱眙观测站是我国唯一的天体力学实测基地,主要从事太阳系天体和人造天体动力学的实测研究。该站的近地天体望远镜是我国口径最大的施密特望远镜(折反式),配备了高性能的 4K×4K 漂移扫描 CCD 探测器。近地天体望远镜主要用于搜索近地小行星和主带小行星等太阳系小天体。

图 2-4 紫金山天文台盱眙观测站（上）及其近地天体望远镜（下）。图片来源：紫金山天文台网站（上）；紫金山天文台照日格图老师（下）

郭守敬望远镜（见图 2-5）是我国已建成的口径最大的巡天望远镜。郭守敬望远镜网站对该望远镜有如下介绍："在口径、视场和光纤数目三者结合上超过了国际上目前已经完成或正在进行中的大视场多天体光谱巡天计划，其科学目标集中在河外星系的观测、银河系结构和演化，以及多波段目标认证三个方面。它会观测近千万个星系、类星体等河外天体的光谱，研究近邻宇宙的形成和演化；其对大量恒星的光谱巡天将对银河系结构与演化及恒星物理的研究做出重大贡献。"

图 2-5　郭守敬望远镜。图片来源：国家天文台网站

和地面望远镜相比，空间望远镜具有很多优势：影像不受大气湍流的扰动、没有大气散射造成的背景光等。虽然来自宇宙的紫外线大部分被臭氧层吸收，地球上的生物才能免于紫外线等高能辐射的伤害，但地面望远镜也因此无法进行天体紫外线的观测——好在空间望远镜可以。哈勃空间望远镜（Hubble Space Telescope，HST）就是在地球轨道上运转的天文望远镜，而我国的"天宫"空间站也

已经有了搭载望远镜的计划。中国巡天空间望远镜计划于 2027 年前后发射升空。它是中国迄今为止口径最大、指标最先进的旗舰级空间望远镜。

2.1.4 射电望远镜

经典射电望远镜的工作原理和反射式光学望远镜一样，只是工作波段有所不同。射电望远镜天线的口径越大，望远镜的分辨率也越高。由于射电望远镜工作波长大约是光学望远镜工作波长的 10^5 倍，因此射电望远镜的分辨率要比光学望远镜差得多，单口径的射电望远镜的成像能力也比光学望远镜差得多。不过，我们可以通过合成孔径技术，把全球的射电望远镜组合到一起，形成一个射电望远镜联合观测网络。这样的射电望远镜阵列，有效口径和地球的大小差不多，可以极大地提高射电望远镜的空间分辨能力。黑洞的第一张照片就是通过这种方法成功拍摄的。

射电望远镜的功能非常强大。20 世纪 60 年代的 4 项重要发现——脉冲星、类星体、宇宙微波背景辐射和星际有机分子——都与射电望远镜密切相关。快速射电暴是最近几年射电天文领域的重大发现，引起了广泛关注。此外，射电望远镜还是寻找外星人的重要手段。如果外星人也使用电磁波通信，理论上就有可能接收到我们的信号。有趣的是，脉冲星的射电脉冲信号最开始被认为是外星人发出的信号。

　　图 2-6 所示是世界上最大的单体望远镜——"中国天眼"射电望远镜,其口径达 500 米。"中国天眼"坐落在贵州山区的大窝凼中,是现代科技和自然的完美结合。建设"中国天眼"这一设想最先由中国科学院国家天文台南仁东研究员于 1994 年提出,历时 22 年最终建成。它是世界上最大单口径、最灵敏的射电望远镜,性能远好于世界同类型的其他望远镜。建成以来,"中国天眼"已发现 900 余颗脉冲星。中国科学家分析了它观测的编号为 FRB180301 的重复快速射电暴的电磁信号,发现这个天体的快速射电暴起源于中子星的磁层活动。这是"中国天眼"首个发表在《自然》(Nature)杂志上的学术成果。

图 2-6　"中国天眼"射电望远镜。图片来源:国家天文台网站

　　图 2-7 所示是上海天文台佘山观测站的天马射电望远镜。天马

射电望远镜是国际排名前四的全方位可转动的大型射电望远镜，口径达 65 米。此外，天马射电望远镜还可在深空探测中用于卫星通信，为中国人的火星探测事业做出贡献。中国科学院新疆天文台负责研制的 110 米口径全向可动射电望远镜项目已于 2017 年 12 月 26 日获得国家发展改革委批复。建成后，它将成为世界上口径最大、精度最高的全向可动射电望远镜。

图 2-7 天马射电望远镜。图片来源：上海天文台网站

2.1.5 X 射线望远镜和伽马射线望远镜

很多恒星和宇宙中的爆发天体会发射高能 X 射线和伽马射线，太阳更是如此。我们现在能安然无恙地在地球上生活，最大的功臣是大气层中的臭氧层。当然，臭氧层对 X 射线和伽马射线的吸收

在保护我们不受侵害的同时，也对我们探测宇宙中的 X 射线和伽马射线造成了非常大的困难。因此，X 射线望远镜和伽马射线望远镜只能在外太空工作。

太阳是天空中最强的 X 射线源和伽马射线源，有的 X 射线望远镜为了避免仪器被烧坏，还要时时躲着太阳。除了太阳，宇宙中的 X 射线双星、脉冲星、伽马射线暴、超新星遗迹、活动星系核等都会发射很强的 X 射线或伽马射线。通过分析这些天体的相关数据，我们可以研究天体活动中的物理机制，推导出它们是如何起源、演化和消亡的。

国际上比较著名的 X 射线望远镜有日本的 ASTRO-H X 射线天文卫星、美国的钱德拉空间望远镜和我国的硬 X 射线调制望远镜——慧眼号天文卫星等。"慧眼"（见图 2-8）既可以实现宽波段、大视场 X 射线巡天，又能研究黑洞、中子星等高能天体的短时标光变和宽波段能谱，同时还是具有高灵敏度的伽马射线暴全天监视仪。

图 2-8　硬 X 射线调制望远镜：慧眼号天文卫星。图片来源：中国科学院高能物理研究所网站

仍然在太空中运行的伽马射线望远镜有美国的费米伽马射线空间望远镜（Fermi Gamma-ray Space Telescope，后简称"费米"）和中国的暗物质粒子探测卫星"悟空号"。图 2-9 显示的是"费米"观测到的伽马射线天图。我们可以在图中看到，伽马射线辐射主要集中在银盘上。这是因为宇宙线和银河系的星际介质碰撞可以产生大量的伽马射线。此外，太空中还分布着非常多的伽马射线源，主要包括活动星系核、毫秒脉冲星和超新星遗迹等。暗物质湮灭或者衰变产生的伽马射线也许隐藏在这些数据之中，我们目前还无法从中有效地将其分辨出来。

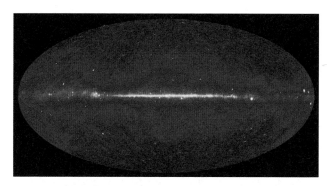

图 2-9 "费米"观测到的伽马射线天图。图片来源："费米"任务网站

2.2 带电的"信使"——宇宙线

人们很早就知道空气中有带电粒子。这些带电粒子是怎么产生的呢？大家最初认为是岩石中的放射性物质衰变释放出来的。如果

真是这样，那么地面的电离度应该是最大的，越往高空，空气的电离度就越小。但事实是这样的吗？

　　空气中带电粒子所占的比例叫**电离度**，测量电离度的仪器是电离室。1912 年，奥地利物理学家维克托·赫斯（Victor Hess，见图 2-10）将自己制造的电离室搭载到热气球上，测量了了不同海拔的空气电离度。测量发现，空气的电离度随海拔的升高而变大，并且白天和晚上的测量结果无差异——这和前文提到的地球起源学说是矛盾的。赫斯因此提出，"空气中的带电粒子来自宇宙空间"。1925 年，罗伯特·密立根（Robert Millikan）将这种来自宇宙空间并且穿透性极强的辐射命名为"宇宙线"。因为发现宇宙线，赫斯获得了 1936 年的诺贝尔物理学奖。随后又有科学家在宇宙线中陆续发现了一些新粒子，如正电子、π 介子、K 介子等。

图 2-10　在热气球中准备开展实验的赫斯教授。图片来源：维基百科

高能带电粒子会与大气和晶体等介质中的物质发生连锁反应。我们以电子在大气中的级联簇射为例来说明这个问题。高能正负电子在原子核附近的电磁场中会产生轫致辐射，释放出一个高能光子；高能光子继续在原子核附近的电磁场中转化为正负电子对。这些正负电子只要能量够高，就会继续重复上述过程。电子通常在级联分叉过程中数目增多，能量降低，直至其能量低至不足以继续反应。这种现象叫**电磁级联簇射**。除了电磁级联簇射，宇宙线中的质子、氦原子核等还可通过强相互作用产生类似的**强子级联簇射**。级联簇射的分叉过程见图 2-11。

图 2-11　级联簇射的分叉过程。图片来源：SEASA

　　在地面布置一系列的探测器来测量高能宇宙线产生的簇射，可以准确获得入射高能宇宙线粒子的种类、能量和方向等信息。四川稻城的高海拔宇宙线观测站（LHAASO，简称"拉索"，见图2-12）就是一个例子。低能宇宙线产生的级联簇射还未到达地面就完全被大气吸收了，所以地面实验只能测量能量比较高的宇宙线粒子。要测量低能宇宙线粒子，必须把探测器发射到大气层外部，让级联簇射发生在探测器的晶体之中。这类探测器有美国的"费米"、中国的"悟空号"等。我们将在后文中系统地介绍"悟空号"的探测器结构与科学目标。

图 2-12　高海拔宇宙线观测站（LHAASO，简称"拉索"）。图片来源：中国科学院高能物理研究所网站

　　除了级联簇射，还有一种更直接的宇宙线探测方法——将带有强磁铁的磁谱仪发射到太空中去。宇宙线进入磁谱仪后，会在磁场

的作用下发生偏转。根据宇宙线偏转的方向和曲率，我们可以计算出入射宇宙线粒子的电荷量、质量和能量等信息。这种方法和级联簇射法相比较，优点是能够测量电荷的电性。

诺贝尔物理学奖得主丁肇中教授领导的阿尔法磁谱仪项目正是利用这个原理测量宇宙线的信息的。阿尔法磁谱仪（见图 2-13）由 8 个子探测器组成，其中的飞行时间探测器上下共两个，可以测量宇宙线到达的时间。根据宇宙线到达时间的不同，我们可以判断宇宙线是从上面还是从下面"飞"进来的。阿尔法磁谱仪中的永磁铁里面的很多次径迹探测器可以准确测量带电粒子在磁场中的偏转。这些探测器相互配合，可以非常准确地测量出宇宙线粒子的各方面信息。

图 2-13　阿尔法磁谱仪。图片来源：NASA/JSC

银河系内的宇宙线一般被认为是超新星爆发产生的，超新星爆发时产生的高能粒子就在银河系的磁场空间内穿梭。穿梭过程中，这些高能带电粒子还会和星际物质发生碰撞，产生很多次级宇宙线粒子。这些次级宇宙线粒子包括一些反物质粒子，如正电子、反质子等。宇宙线每时每刻都在轰击地球。高能宇宙线粒子在地球大气中会产生级联簇射现象，从而产生大量的低能带电粒子。这些粒子有的完全被大气吸收，有的会到达地面，被各种探测器探测到。

2.3 "幽灵信使"——中微子

我们已经在前文中介绍过中微子。中微子质量很轻，而且很不"合群"——它和其他物质的相互作用非常弱。每天都有大量的中微子穿过我们的身体，不留痕迹。

很多天体物理过程会产生中微子，比如太阳内部的核反应就会产生大量的中微子。这些中微子的穿透力很强，可以从太阳核心逃脱，到达地球。美国布鲁克海文国家实验室（Brookhaven National Laboratory，BNL）的雷蒙德·戴维斯（Raymond Davis）教授等人在深矿井中利用四氯乙烯开展了太阳中微子实验，发现实验测量到的中微子仅仅是按标准太阳模型理论预测的 1/3。这就是著名的太阳中微子之谜，这一现象的物理解释是中微子振荡。

超新星爆发也是重要的高能中微子源。超新星爆发时的各种核反应会产生大量的中微子。这些中微子在经历复杂的相互作用后，从超新星内部"溜"了出来。遗憾的是，我们的银河系已有 400 多年未爆发肉眼可见的超新星了。现在我们已知的银河系超新星都是几百年到几万年前爆炸的遗迹，已经无法测量到中微子信号了。新发现的超新星离我们太远，中微子信号太弱，以至于无法被我们的中微子望远镜测量到。不过我们还算幸运，1987 年，银河系的卫星星系大麦哲伦云发生了一次超新星爆发。图 2-14 展示的就是哈勃空间望远镜在 2006 年 12 月拍摄到的超新星 SN 1987A 的遗迹。超新星 SN 1987A 爆发后，日本的神冈中微子探测器和美国的 IMB 中微子探测器分别探测到 11 个和 8 个中微子事例。这是人类第一次探测到太阳系外的中微子信号，也标志着中微子天体物理学的诞生。

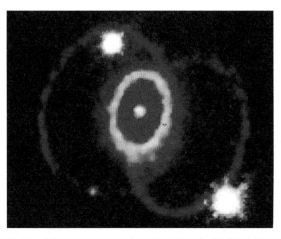

图 2-14　哈勃空间望远镜拍摄的超新星 SN 1987A。图片来源：NASA

冰立方中微子望远镜是专门为探测极高能中微子设计的望远镜，位于南极 2.4 千米深的冰层之下，是全球最大的中微子望远镜之一。冰立方的探测器是光电倍增管，它是把光信号转换成电信号的科学仪器。这些光电倍增管像"糖葫芦"串成一串。冰立方一共有 86 串这样的埋入冰下的"糖葫芦"。高能中微子打进探测器后和冰中其他物质的原子核碰撞并转变成相应的轻子。这些高能轻子在冰里穿行时会产生切伦科夫光，进而被冰立方的光电倍增管探测到。利用这些光信号，我们能够反向推导出中微子的信息。图 2-15 展示的就是冰立方的地面实验室和中微子信号来临时地下光电倍增管的闪光情况。冰立方已经收集到多个确信来自宇宙空间的极高能中微子信号。关于这些信号的起源，现在还没有明确的结论。可能

图 2-15　冰立方中微子望远镜的地表建筑和地下探测器对信号的响应。图片来源：冰立方合作组

的极高能中微子源有活动星系核和伽马射线暴等。此外，科学家还计划在贝加尔湖和地中海建造中微子望远镜，南海也是理想的建造点，未来也可能开展相关实验。

2.4 新世纪的"邮差"——引力波

2.4.1 万有引力和广义相对论

万有引力定律是牛顿发现和建立的理论。万有引力是指任何物体之间都存在相互吸引的力。苹果成熟了，落向地面；月球会一直绕着地球转，不会"飞跑"。牛顿把这些现象都归结为万有引力，他是第一个意识到苹果落地和月球绕地球运转的背后是同一种力的人。

牛顿的万有引力定律指出，两个物体之间的万有引力大小与二者质量的乘积成正比，而与二者之间距离的平方成反比，其中的比例系数叫**万有引力常数**。万有引力常数的测量非常困难，连牛顿本人也无法测算出准确数值。要测量这一常数，必须准确测量两个物体的质量、距离和二者之间的引力。实验室内两个质量有限的物体之间的万有引力非常小，难以准确测量。天体之间的引力足够大，但是天体质量太大了，在牛顿的时代也无法准确测量。直到万有引力定律被发现 100 多年后，万有引力常数才由英国科学家亨利·卡文迪什（Henry Cavendish）利用扭秤实验精确而巧妙地测量出来。迄今为止精度最高的万有引力常数的测量，来自华中科技大学引力中心。他们的成果入选了科技部组织的"2018 年度中国科学十大进展"，被写入高中物理教材。

牛顿的引力理论取得了巨大成功。万有引力定律不仅能精准描述天体的运动，还帮天文学家发现了新的行星——海王星。但天文学家仍然发现，在某些情况下，万有引力定律和天文观测之间有偏差。比如对于强引力场、致密天体或者天体之间的近距离引力（如水星轨道的进动）等，利用万有引力定律计算得到的结果和真实的观测结果并不一致。这说明，我们需要新的引力理论了。

下一位英雄是阿尔伯特·爱因斯坦（Albert Einstein），他于1915 年创立广义相对论，解决了牛顿引力计算不准确的问题。广义相对论将经典的牛顿引力和狭义相对论（基于相对性原理）加以推广，使引力理论也具有了广义协变性。与牛顿的引力理论最大的不同是，广义相对论基于等效原理，利用几何语言描述引力相互作用。在广义相对论中，引力被描述为时空的一种弯曲，而时空的弯曲程度则需通过爱因斯坦场方程来求解。在牛顿的引力理论中，能够提供引力的只有物质的质量。但在广义相对论中，能够弯曲时空（也就是提供引力相互作用）的是处于其中的物质和辐射的能量 – 动量张量。能量 – 动量张量是 4×4 的矩阵，共有 16 个分量。质量只是其中一个分量，其他分量还包括动量、物质各部分之间的压强等。

光子和其他粒子在弯曲时空里走的是曲面上的短程线——测地线。二维曲面（如地球表面）的测地线也被称为"大圆"，是曲面上两点之间最近的路径。比如，地球的经线和赤道都是测地线。光子在大质量天体附近的弯曲时空走过的测地线，在我们看来就是光子走过的一段"弯曲"的线，也就是说，光子的传播路径发生了偏折（见图 2-16）。

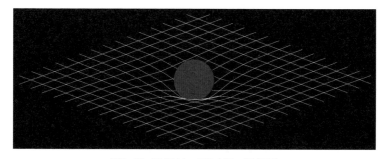

图 2-16　弯曲时空。图片来源：维基百科

广义相对论能够解释牛顿的引力理论解释不了的现象。爱因斯坦本人在 1915 年证明了广义相对论能够解释水星轨道的反常近日点进动现象。对广义相对论最重要的实验检验是光线在太阳引力场中的偏折（见图 2-17）。广义相对论预言的太阳对光线的偏折角度是 1.75 角秒，是牛顿万有引力定律预言的两倍。这一结果和英国天文学家阿瑟·爱丁顿（Arthur Eddington，见图 2-18）率领的探险队在非洲的普林西比岛测量得到的偏折角度完全一致。至此，广义相对论大获全胜，被科学界广为接受。

图 2-17　由于时空的弯曲，光线掠过大质量天体时，其传播方向会发生偏折

图 2-18　英国天文学家阿瑟·爱丁顿。图片来源：George Grantham Bain Collection, Library of Congress Prints and Photographs Division Washington, D.C.

广义相对论在天体物理学中有着非常重要的应用。比如它预言，大质量恒星死亡后，会形成时空极度扭曲以至于所有物质（包括光）都无法逸出的特殊天体——黑洞。此外，广义相对论还预言了引力波的存在和引力透镜现象等。我们会在后续的章节中陆续讨论这些内容。

2.4.2　引力波的发现与应用

根据广义相对论，天体会让它周围的时空发生弯曲。天体质量越大，半径越小，时空弯曲程度就越大。在宇宙中，单一的稳定天体无法引发时空的"晃动"。如果两个天体组成相互绕转的双星系统，就会引发时空持续不断地、有规律地"晃动"，也就是产生引力波（见图 2-19 左上角的图）；这个双星系统通过引力波不断向外释放能量，两个天体的距离就会越来越小，转动速度越来越快，引力波也越来越强（见图 2-19 右上角的图）；最终，这两个天体碰撞到一起，形成一个质量更大的新天体（见图 2-19 的下两张图），引力波的信号随之终止。

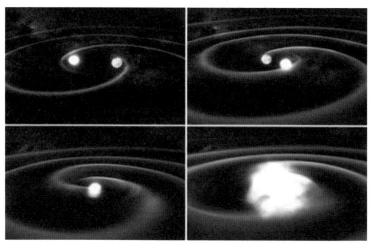

图 2-19　致密双星并合产生的引力波信号。图片来源：NASA/Tod Strohmayer (GSFC)/ Dana Berry

　　两个黑洞的并合过程、两颗中子星的并合过程以及中子星－黑洞的并合过程会产生剧烈的引力波。图 2-20 展示的就是两个黑洞在并合过程中引发的时空涟漪的想象图。这张图很像道观中常见的太极图。巧合的是，我国正准备开展的一个空间引力波探测计划就叫"太极"计划。

图 2-20　黑洞并合引发的时空涟漪的想象图。图片来源：LIGO Lab Caltech/MIT/SXS

　　引力波其实就是时空的波动，直观来说，就是时空中两点之间的距离时而变长，时而变短。而且，引力波与数学上所说的"四极矩"有关：两个相互垂直的方向上发生微小的变化，一个方向是距离的拉伸，另外一个方向就是距离的收缩。理论上来说，只要对距离的测量足够精准，我们就能够探测到引力波。爱因斯坦预言引力波的存在已经 100 多年了，为什么我们最近才观测到呢？主要原因是，时空的波动传到地球时已经非常微弱了。两个黑洞并合产生的引力波，引起的地球和月球之间的距离变化甚至小于一个原子的尺度。

要测量如此小的距离变化，需要用更精巧的测量手段和测量仪器，如迈克耳孙干涉仪（Michelson interferometer）。此干涉仪能够把距离的改变转化成两束光干涉条纹的变化，从而精准测量时空的微小"波动"。激光干涉引力波观测台（Laser Interferometer Gravitational-Wave Observatory，LIGO）就利用了这个原理，其两个探测器分别建在美国路易斯安那州的利文斯顿和华盛顿州的汉福德。每个迈克耳孙干涉仪都有两条长达 4 千米且互相垂直的臂（见图 2-21）。

图 2-21　激光干涉引力波观测台。图片来源：LIGO 合作组

我国也有空间引力波探测计划，分别是中国科学院的"太极"计划和中山大学的"天琴"计划。这两个实验都计划向太空发射 3 颗卫星，并通过精确测量这 3 颗卫星的直接距离来测量低频引力波。这两个项目都在稳步推进之中，相信中国人不会缺席未来的天基引力波探测。

2.5　多信使天文学

多信使天文学是结合各种不同的"信使"（messenger）信号进行天文观测和解释的一种天文学。行星际探测器可以造访太阳系内的天体，但如果探测范围超出了太阳系，信息获取就只能依赖宇宙的"信使"了。四种系外"信使"分别是光、宇宙线、中微子和引力波。它们是由不同的天体物理过程产生的，因此可以揭示这些现象产生源头的不同信息。

每个天体或者天文现象都会发出各个波段的电磁波和各种不同的粒子（见图 2-22）。比如，超新星爆发过程会产生可见光、X 射线和伽马射线等辐射，同时还会放射出中微子和宇宙线（理论上讲还有引力波辐射，只是现在还没有实际探测到）。对天文过程的研究仅靠某一种"信使"得到的信息终归是有限的，多信使天文学也因此应运而生。

图 2-22　同一天文现象"派出"的多位"信使"。图片来源：IceCube/NASA

多信使天文学已经在实际中应用多年，并取得了丰硕的成果。1987 年，伊恩·谢尔顿（Ian Shelton）等在大麦哲伦云发现了超新星 SN 1987A。而在看到这颗超新星之前，苏联、美国、日本的 3 个中微子探测器就已探测到 SN 1987A 产生的数十个中微子事例。这是比较早期的尝试，更重大的成就来自近几年的引力波信号 GW170817（见图 2-23）。这一信号由 LIGO-Virgo 探测器于 2017 年 8 月 17 日发现，而"费米"卫星几乎于同一时间同一方向探测到了伽马射线暴信号 GRB170817A。大约 11 小时后，位于智利拉斯坎帕纳斯天文台的斯沃普望远镜又在相同区域发现了光学对应体。这些观测成功证实了这一信号来自中子星并合，并为超铁元素的起源提供了观测证据。

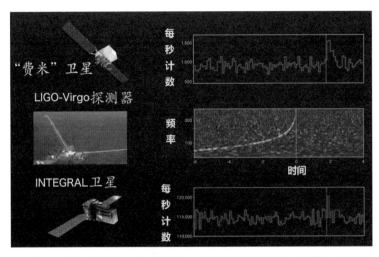

图 2-23　人类首次探测到的中子星并合事件，多信使联合探测显神威。图片来源：NASA's
Goddard Space Flight Center, Caltech/MIT/LIGO Lab/ESA

第 3 章

"失踪"的物质

生活中，我们可以用秤和天平等工具称量物品的质量。而要测量更大的物体，我们需要想一些间接等效的办法。我们都听说过曹冲称象的故事，《三国志》中记载："时孙权曾致巨象，太祖欲知其斤重，访之群下，咸莫能出其理。冲曰：'置象大船之上，而刻其水痕所至，称物以载之，则校可知矣。'"曹冲用了一种非常聪明的方法——等量替换法。

天文学研究中的质量测量需要用到各种各样间接的"称量"方法。质量的国际单位制单位是千克，这在天文学尺度上显然太小了，于是天文学研究常用太阳质量作为质量单位。大多数恒星的质量在 0.08 倍和 150 倍太阳质量之间。

大致来说，天文学上共有两种测量天体质量的方法：光学方法和力学方法。光学方法利用被测量天体的发光度来测量该天体的质量，但它只能"称量"发光天体的质量，对不发光的天体则"束手无策"；力学方法则是利用力学定律，通过测量力学量来推算天体质量。这种方法测量的是能提供引力的天体的总质量，更准确可靠。

很多情况下，利用这两种方法测出的质量是不一致的，力学方法测出的质量往往大于光学方法测出的质量。这说明宇宙中可能存在大量的不发光物质，科学家称之为"暗物质"。

暗物质的概念由瑞士天文学家弗里茨·茨维基（Fritz Zwicky，见图 3-1）于 20 世纪 30 年代提出。1933 年，茨维基在研究后发星系团（Coma Cluster）中的星系运动速度时，发现星系团里的星系运动太快了，要束缚住这些快速运动的星系，星系团的总质量应该是根据发光度推算出来的质量的 500 倍。茨维基认为星系团内存在看不到的暗物质，其占整个星系团质量的比重非常大。但限于当时的技术水平，茨维基对星系运动速度的很多估计是非常不准确的，他得到的暗物质的总质量比真实的情况大太多。所以，茨维基的结果并没有得到广泛认可。

图 3-1　弗里茨·茨维基。图
片来源：弗里茨·茨
维基基金会网站

20 世纪 70 年代，美国天文学家薇拉·鲁宾（Vera Rubin，见图 3-2）系统地测量了星系的旋转曲线，发现星系的旋转曲线和现有的星系物质分布的预言是不一致的。此后的天文学家又陆续发现了其他证据，如子弹星系团、微波背景辐射等，确凿无疑地证明了暗物质的存在。暗物质的研究是国际重大热点研究课题，一直受到当今科学界的广泛重视。我们会在后文中系统地讨论这一问题。

图 3-2　工作中的薇拉·鲁宾。图片来源：NOIRLab/NSF/AURA

3.1　光学方法及其局限性

我们以装在瓶中的萤火虫（见图 3-3）为例来说明光学方法测

量天体质量的原理。要估计瓶中萤火虫的总质量,直接一只只捉来称量是不现实的,我们需要一些间接办法。一个简单的思路是,先测量瓶中萤火虫总的发光亮度,再根据萤火虫大小、数量和个体亮度与总亮度的关系推算总质量。当然,这种方法只能估计瓶中发光萤火虫的总质量。如果瓶中混进了几只蜜蜂,我们就无法用该方法对蜜蜂的质量进行测量了。这就是该方法的局限性。

图 3-3 装在瓶中的萤火虫。图片来源:视觉中国

如果你用全球城市夜景做人口普查,那么可能会用夜空亮度推测出"北美洲、欧洲、东亚、南亚和东南亚分布着大量人口"的结论。这一结论基本可靠,但若细致推敲,你会发现这个推断方法有问题。比如,美国的夜空比印度的亮很多,如果就此推断美

国的人口远多于印度，那就大错特错了。我们再把视线转向黑暗的区域。有些区域确实是人迹罕至的，比如南极洲和格陵兰岛等。然而，一些地方虽然在夜晚漆黑一片，却并非无人居住。得到这一错误结论的原因是我们假设"有人的地方夜晚就会有光"。很明显，有些经济条件差的区域，大家还用不起电，晚上也不会点灯。同样的道理，在宇宙学上用天体的发光度来测量天体的质量也是有问题的。我们不能先验地假定所有物质都发光，不参与电磁相互作用的粒子是不发光的。

光学方法的局限性，在日常生活中还有很多类似的例子。

3.2　力学方法与"失踪"的物质

用力学方法测算天体的质量和物质分布更直观、更准确，常用的力学方法有旋转曲线法和引力透镜法。

3.2.1　旋转曲线法

旋转运动是一种常见的运动形式，现实生活中的例子有很多。大家小时候都玩过这样一个游戏：用绳子拴一个小球，然后"甩"起来。回想一下，你的手臂是不是感觉到了绳子的拉力？小球转得越快，手臂感受到的拉力也越大。如果转速太快，绳子还可能会被拉断，导致小球飞出去。这就是圆周运动的特点：需要某个力提供物体维持圆周运动的向心力。

我们发射的人造卫星，也绕着地球做圆周运动（见图 3-4）。卫星的向心力来自哪里呢？答案是地球的万有引力。如果卫星运动速度继续加快，也可能逃脱地球束缚，变成绕太阳旋转的卫星。在地球上发射太阳卫星所需的速度叫**第二宇宙速度**，约为 11.2 千米 / 秒。

图 3-4　旋转速度与向心力

地球绕着太阳旋转，速度约为 30 千米 / 秒，转一圈是一年。太阳也同样绕着银河系中心旋转，旋转半径约为 27 000 光年，旋转速度约为 220 千米 / 秒。太阳绕银河系中心旋转一周大约需要 2.4 亿年。

总之，在天文上提供向心力的都是万有引力，而引力大小正比于中心天体的质量。外围绕转天体的速度越大，拉住它所需的引力越强，中心天体的质量也就越大。所以我们可通过测量绕转天体的速度来计算出中心天体的质量。这就是旋转曲线法的原理。

图 3-5 是 M33 星系的旋转速度测量结果,其中虚线是根据发光天体计算出来的这部分天体所能"拉住"的天体的速度。由图可知,星系外围物质旋转速度太大了,发光的天体根本拉不住。

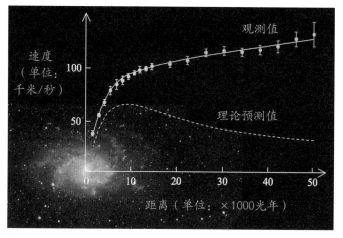

图 3-5　M33 星系的旋转速度测量结果。图片来源: Roy, D.P. Physics/0007025

怎么解释这个现象呢? 科学家提出了两种方案。第一种方案是认为引力理论在大尺度上不适用,需要修改。修改后的理论可以"增大"远距离天体所受的引力,进而"拉住"这些星际物质。第二种方案是假设存在看不见的物质,这些看不见的物质提供的额外引力"拉住"了跑得太快的家伙。

到底哪种方案是正确的呢? 这就需要引力透镜法提供更多的信息了。

3.2.2　引力透镜法

凸透镜也叫放大镜，是我们在生活中常用的观察工具。凸透镜能使光线折射，让一束平行光汇聚到一个焦点上，如图 3-6 左图所示。如果焦点处汇聚了很强的能量，纸张就会被点燃。相信很多读者做过这样的实验。顾名思义，引力透镜效应就是通过引力改变光线方向，产生类似的折射效果。

根据广义相对论，大质量天体会弯曲周围的时空。光线在弯曲时空里走过的路径是弯曲时空的"测地线"（曲面上两点之间最短的连线）。天体的质量越大，周围时空的弯曲程度越大，光线偏折得也越厉害。如图 3-6 右图所示，遥远天体发的光路过大质量天体时发生偏折，形成一个圆弧——爱因斯坦弧。爱因斯坦弧离光源越远，说明光线偏折得越厉害，天体质量也就越大。我们可以通过引力透镜效应测量天体的总质量及质量的分布。

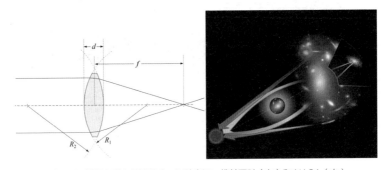

图 3-6　透镜和引力透镜效应。图片来源：维基百科（左）和 NASA（右）

子弹星系团的物质分布图（见图 3-7）就是使用引力透镜法得到的。图中的蓝色区域是物质的主要分布区域，而红色区域是由 X 射线望远镜观测得到的可见物质分布。我们可以从图中发现，星系团的物质主要集中在不会被 X 射线望远镜"看见"的区域，科学家将这些不可见物质命名为"暗物质"。子弹星系团的物质分布难以用修改引力的方法很好地解释。"暗物质"这一概念被广泛地认可了。

图 3-7 子弹星系团的物质分布图。图片来源：NASA

子弹星系团这种奇特的天体是怎样形成的呢？多数科学家认为它是两个星系团碰撞后产生的。每个星系团都由普通的可见物质和暗物质组成。两个星系团碰撞后又会相互远离，但其中的普通物质因电磁相互作用具有较大的"黏性"，运动速度比较慢。暗物质不参与电磁相互作用，远离速度更快。最终，暗物质将普通物质"甩"在身后，总体形成物质分布奇特的子弹星系团。

3.3 关于暗物质，我们知道些什么

宇宙中的确存在发光很弱或不发光的天体，如褐矮星、白矮星、中子星及黑洞等。这些天体，除了黑洞，都是由普通物质构成的，而黑洞是大质量恒星死亡后坍缩形成的。我们将这样的天体统称为**晕族大质量致密天体**（Massive Compact Halo Object，MACHO）。这些晕族大质量致密天体是否就是我们要找的暗物质？宇宙暴胀时期的密度扰动，会在局部形成密度极大的区域。局域密度大到一定程度，就会形成黑洞。还有一类黑洞叫**原初黑洞**，以区别于恒星坍缩而成的黑洞。质量比较大的原初黑洞，具有足够长的寿命，可以"存活"到现在。原初黑洞是不是暗物质？这取决于它的质量，质量合适的话，它就可以是暗物质。但天文学家对原初黑洞的观测还很有限，无法给出明确的结论，所以这一问题尚需进一步研究。

3.3.1 暗物质的粒子属性

除了天文学上的可能性，科学家讨论更多的是暗物质作为一种

基本粒子的可能性。暗物质也许能以粒子的形式存在于宇宙当中，那么这种暗物质是我们已知的某种粒子，还是某种未知的粒子呢？关于暗物质粒子，基于现有的观测，我们能知道哪些信息？

首先，暗物质粒子不带电荷。这一点比较容易理解，因为带电粒子会发射或者吸收光子，是"可见"的。已知的基本粒子见图3-8，暗物质粒子不带电就排除了图中所有的夸克、μ子、τ子和W玻色子等粒子。此外，暗物质粒子的寿命必须非常长，至少要长于宇宙的年龄。不然暗物质已经消失了，我们自然也看不到它了。因此，基本粒子中的不稳定粒子不可能是暗物质粒子，如Z玻色子。

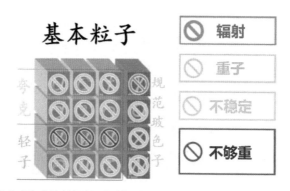

图 3-8 已知的基本粒子都不是暗物质粒子。图片来源：P. Gondolo, TeVPA08

其次，暗物质粒子的运动速度不能太快。这是因为，速度太快的粒子不利于宇宙大尺度结构形成，甚至会对已形成的尺度结构造成破坏。我们将速度很低的暗物质粒子称为"冷"暗物质，将速度接近光速的暗物质粒子称为"热"暗物质，将介于两者之间的称为

"温"暗物质。我们知道，基本粒子中的中微子是稳定粒子，不发光，且和普通物质的相互作用很弱。这些性质都和暗物质应有的性质非常契合。但中微子因为质量太小，运动速度接近光速。如果中微子是暗物质，这就和宇宙大尺度结构的形成历史相矛盾，所以即使它是暗物质，也只能占暗物质的很小一部分。因此，已知的粒子都不满足暗物质的要求，暗物质粒子是标准模型以外的某种还不为我们所知的粒子。找到这一粒子，会极大地加深我们对宇宙和基本粒子的理解。

　　暗物质的粒子模型有很多，质量跨度也极大（见图 3-9）。目前最流行的暗物质模型是**弱相互作用大质量粒子**（weakly interacting massive particle，WIMP），这是一种仍在理论阶段的粒子。在这一模型中，暗物质的质量是质子质量的几倍到几百倍，相互作用强度在弱相互作用尺度。这个模型的优点是恰好能给出正确的暗物质

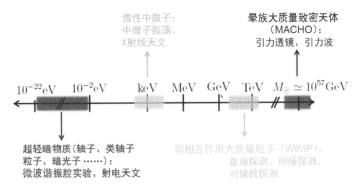

图 3-9　不同质量的暗物质候选粒子与对应的探测方案。图片来源：紫金山天文台袁强研究员

密度。只要暗物质和普通物质有相互作用，我们就可以设计实验来"捕捉"暗物质粒子。但由于这种相互作用很弱，暗物质粒子的探测相当困难，而且耗资巨大。关于这种粒子的探测，我们将在后文中详细讨论。

除了弱相互作用大质量粒子，另外一种比较流行的候选粒子是轴子。这是一种性质非常奇特的、幽灵一样的粒子。它最大的特点是来无影去无踪，难以捕捉。但它可以在电磁场中和光子相互转化，这一特点为我们"捕捉"它提供了可能。我们将在后文中讨论轴子的探测。

3.3.2　宇宙中暗物质的分布

暗物质在宇宙中是如何分布的？这是一个基本且重要的问题。但我们还没有在实验室中探测到暗物质，当然也无法直接观测宇宙中的暗物质是如何分布的。只有通过计算机模拟宇宙的演化过程，才能得到暗物质在宇宙中的分布。图3-10就是暗物质分布的计算机模拟结果。从模拟结果看，我们能够发现，暗物质的分布具有3个明显的结构：核、丝状结构和空洞。核就是图中非常亮的那部分，是暗物质集中分布的区域，也是星系和星系团所在的地方。核与核之间通过丝状结构连接起来。图中黑色区域的暗物质密度非常小，因此被称为空洞。

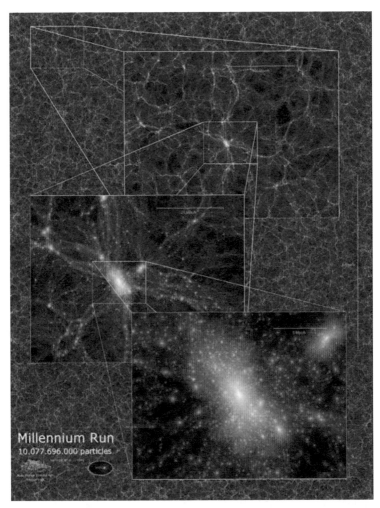

图 3-10　宇宙中暗物质分布的计算机模拟结果。图片来源：Millennium Simulation Project

　　丝状结构虽然想来有些奇怪，却已被天文学观测证实。图 3-11 展示的是根据引力透镜效应重建的星系团阿贝尔 222/223 系统的物质分布。图中上方的两个圆圈和下方的一个圆圈对应的是星系团。上下两个区域之间有丝状的物质结构。

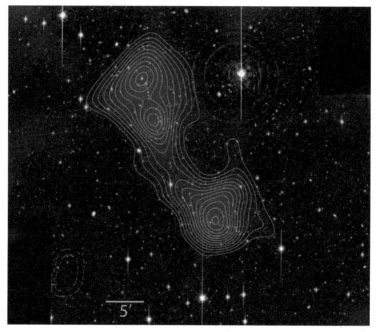

图 3-11　根据引力透镜效应重建的星系团阿贝尔 222/223 系统的物质分布。图片来源：J. P. Dietrich et al. *Nature*, vol 487, 2012, 202-204

3.4　暗物质探测

当前有关暗物质的证据都来自它的引力效应，暗物质粒子还没有在实验室中被探测到。这说明暗物质和普通物质的相互作用如此微弱，以至于现有的仪器还无能为力。对于暗物质粒子的质量和自旋等信息，我们还一无所知。

暗物质探测在当代粒子物理学及天体物理学中是一个很热门的研究领域，相关研究方兴未艾、如火如荼。针对暗物质粒子是弱相互作用大质量粒子这一假设，科学家设计了多种探测方案，主要有 3 类：直接探测、间接探测和对撞机探测。

3.4.1 直接探测

直接探测时，科学家设计实验使暗物质粒子和原子核、核外电子发生碰撞，而被暗物质打飞的原子核、核外电子会被探测器捕捉（见图 3-12）。高速运动的原子核会产生各种各样的信号，如声子、光和热等，这些信号都比较容易探测。但由于空气中也有高能带电粒子，这些粒子很容易被探测器误判为核反冲信号，因此，为了尽量排除这部分影响，暗物质直接探测实验一般都在很深的地下实验室中进行。著名的地下实验室有意大利大萨索国家实验室（Gran Sasso National Laboratory，GSNL）和中国锦屏地下实验室（China Jinping Underground Laboratory，CJPL）。

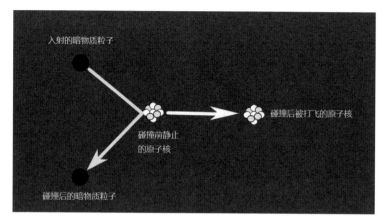

图 3-12 暗物质粒子与原子核的碰撞

国际上已经开展的实验有很多，如 Xenon、CoGeNT、CDMS、DAMA 和 LUX 等。欧洲的 DAMA 实验团队曾声称已经观测到暗物质，但包括美国 LUX 实验在内的其他探索，均未证实此发现。Xenon1T 曾在 2020 年宣称已发现疑似的电子反冲信号，但信号的置信度比较低，并且后续精度更高的实验也未证实该信号的真实性。

2010 年 12 月 12 日，我国首个极深地下实验室——中国锦屏地下实验室——正式投入使用。中国锦屏地下实验室的岩石覆盖（见图 3-13）厚度达到了 2400 米，是当今世界岩石覆盖最深的地下实验室。由于对大气具有极强的屏蔽效果，该实验室是绝佳的暗物质直接探测实验场所。清华大学领导的 CDEX 实验和上海交通大学领导的 PandaX 实验已经在中国锦屏地下实验室开展工作。这两个实验在寻找低质量暗物质方面具有较大的优势，有望取得突破。

图 3-13　中国锦屏地下实验室的岩石覆盖。图片来源：清华大学网站

3.4.2　间接探测

暗物质间接探测主要是在宇宙线、高能伽马射线、宇宙中微子等数据中寻找暗物质粒子湮灭或衰变的信号。暗物质间接探测的关键假设是，暗物质粒子会发生湮灭或衰变。湮灭或衰变产生的粒子如果不稳定，就会继续衰变，直到成为稳定的粒子——正反质子、正负电子、光子和中微子等（见图 3-14）。这些末态粒子在宇宙中产生和传播，成为宇宙线的一部分。因此，我们可以通过测量这些宇宙线粒子来获得暗物质相互作用的信息。从信号搜寻的角度来说，所有的普通天体物理过程产生的宇宙线都是我们的实验背景。

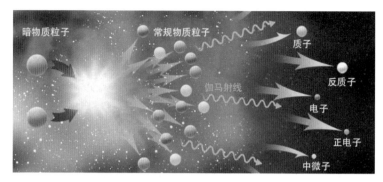

图 3-14 暗物质粒子湮灭产生宇宙线粒子的过程。图片来源：紫金山天文台崔宇星博士

　　不带电荷的暗物质粒子湮灭或衰变会产生等量的正反粒子对，如正负电子对、正反质子对等。而普通天体物理过程产生的宇宙线当中，绝大部分是正物质。反物质宇宙线主要由高能的质子、氦核等在星系中传播时与星际介质发生碰撞产生，流量相对较低。所以具体操作过程中，科学家通常在反物质宇宙线（主要是反质子和正电子）中搜寻暗物质湮灭或衰变的信号。如果暗物质粒子湮灭或衰变到正负电子的概率（专业术语叫**湮灭截面**或**衰变寿命**）比较大，那么我们也可以在正负电子总和的能谱中找到暗物质的蛛丝马迹。

　　如果暗物质粒子能直接湮灭为光子，光子的能量就等于暗物质粒子的质量（对于衰变模型，光子能量是暗物质质量的一半）。这一过程在光谱上表现为非常"尖"的发射线。普通天体物理过程中没有能量如此高的伽马射线发射线信号，这样的信号只可能靠暗物质产生。高能伽马射线发射线是暗物质间接探测的决定性证据，一直被广泛重视。要搜寻发射线，探测器的能量分辨率（能量测量准确性）就非常重要。我国首颗天文卫星"悟空号"具有极佳的能量分辨率，在线谱搜寻方面具有优势。

3.4.3　对撞机探测

　　对撞机是一种粒子加速和粒子对撞的大型设备。它首先通过电磁场把带电粒子逐级加速到极高的速度，再使其在对撞机内对撞。粒子对撞会产生种类繁多的末态粒子，其中就可能有我们要找的粒子。这样的高能粒子对撞在宇宙早期也是不断发生的，所以说，对撞机是在模拟宇宙早期的物理过程。图 3-15 展示的是高能强子束流碰撞产生希格斯玻色子的景象。

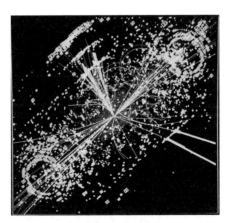

图 3-15　高能强子束流碰撞产生希格斯玻色子的景象，暗物质粒子
也可能会在碰撞过程中产生。图片来源：维基百科

　　如果对撞粒子的质心能量足够高，并且超过暗物质粒子对的质量，那么暗物质粒子也可能会被撞击出来。但电中性的暗物质粒子无法被对撞机的探测器直接探测，它带着一部分能量和动量偷偷"溜走"了。这个本该能量动量守恒的过程，因为暗物质的"叛逃"，我们能测量到的那部分带电粒子的能量和动量就看起来不守恒了。对撞机探测就是寻找那些未知原因的能量、动量丢失。

　　对撞机越造越大，其粒子加速能力也越来越强。欧洲核子研究中心的大型强子对撞机（Large Hadron Collider，LHC）就是目前为止体积最大、加速能量最高、造价最高的加速器，图 3-16 是其鸟瞰图。图中的大圆是一条周长约 27 千米的隧道，位于地下 50 米至 175 米，旁边有一条飞机跑道，你可以通过对比感受一下该巨型设备的庞大。大型强子对撞机造价高昂，单独一个国家难以负担，因此它由多个国家共同出资合作兴建。

图 3-16　大型强子对撞机鸟瞰图。图片来源：欧洲核子研究中心

3.5 悟空的"火眼金睛"

我国首颗天文卫星"悟空号"也叫暗物质粒子探测卫星,它是一颗运行在 500 千米高度的太阳同步轨道上的科学实验卫星(见图 3-17)。"悟空号"于 2015 年 12 月 17 日发射升空(见图 3-18),其主要科学目标有 3 个:暗物质粒子间接探测、宇宙线物理研究和高能伽马射线天文研究。"悟空号"的优良性能是其取得科学突破的有力保障。

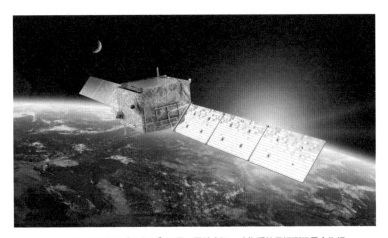

图 3-17 太空中的"悟空号"卫星。图片来源:暗物质粒子探测卫星合作组

图3-18 "悟空号"卫星发射升空。图片来源：新华社

　　"悟空号"是有"火眼金睛"的，它是迄今为止探测能量范围最宽、能量分辨率最高的空间探测器。我国的暗物质粒子探测卫星对高能电子和光子的能量分辨率比美国的"费米"卫星要高很多；同时，它具有更大的电子宇宙线探测视场，也优于丁肇中团队的AMS-02。此外，"悟空号"具有很强的区别电子与质子的能力。

　　"悟空号"的性能优势和它的结构设计是紧密相关的，其结构见图3-19。"悟空号"自上而下由4部分组成：塑料闪烁体探测器、硅径迹探测器、BGO（锗酸铋晶体）量能器和中子探测器。宇宙线粒子打进探测器后，会在BGO中产生级联簇射，并在每个探测器上留下信号。图3-20展示的是电子宇宙线打进探测器后产生的信号。

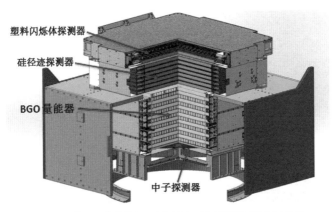

图 3-19 "悟空号"的结构。图片来源：暗物质粒子探测卫星合作组

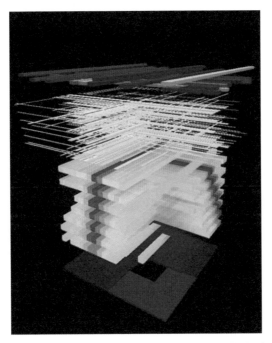

图 3-20 电子宇宙线打进探测器后产生的信号。图片来源：暗物质粒子探测卫星合作组

图 3-21 展示了"悟空号"卫星探测器各部分的功能。

功能	探测器
电荷测量	硅径迹探测器、塑料闪烁体探测器
方向测量	硅径迹探测器
能量测量	BGO量能器
粒子鉴别	BGO量能器、中子探测器

图 3-21 "悟空号"卫星探测器各部分的功能

塑料闪烁体探测器的主要功能是测量入射宇宙线的电荷以区分不同核素、高能电子和伽马射线。高能带电粒子穿过塑料闪烁体时，发生电离与发射辐射（光子）而损失能量。这些能量在塑料闪烁体中转化为荧光后被精准测量。塑料闪烁体探测器由中国科学院近代物理研究所研制。

硅径迹探测器可以测量宇宙线的入射方向和电荷。硅径迹探测器由刻有细密条纹的高纯度硅片组成。宇宙线粒子打到硅片上会产生相应信号，信号的空间位置会被探测器精准测量。6 层硅片组合可以测量 6 组位置，连起来就是宇宙线粒子穿过探测器的路径。前 3 组硅片的下面还布置有钨板，它的作用是把穿过的高能光子转化成正负电子对。硅径迹探测器由中国科学院高能物理研究所和国外合作单位共同研制。

BGO 量能器是"悟空号"最核心的组成部分，其功能是测量宇宙线粒子的能量并鉴别粒子。BGO 是一种无色透明且没有激活剂的纯无机闪烁体，它被广泛应用于探测高能带电粒子。暗物质粒子探测卫星所使用的 BGO 是全世界最长的，是中国科学院上海硅酸盐研究所专门为"悟空号"设计研发的。高能宇宙线打入 BGO 量能器后,会在探测器中发生级联簇射。电子产生的簇射在形状上比较"纤细",而质子产生的簇射非常"粗大"。这是因为电子宇宙线在探测器中只产生电磁级联簇射,而质子在探测器中除了产生电磁级联簇射,还会产生强子级联簇射。根据电子和质子在探测器中产生的簇射形状的不同,"悟空号"可以准确区分宇宙线中的电子和质子。入射粒子的能量越高,沉积在探测器内的能量就越多。根据探测器中的能量沉积多少,"悟空号"可以准确测量入射宇宙线的能量。BGO 量能器由中国科学院紫金山天文台和中国科技大学共同研制。

中子探测器测量的是宇宙线粒子在上面 3 层的相互作用中产生的次级中子。高能电子的级联簇射产生的次级中子数目较少,而宇宙线中的核子会产生大量的高能中子。根据这种效应,"悟空号"可以进一步区分宇宙线中的电子和质子。中子探测器主要由中国科学院紫金山天文台负责研制。

"悟空号"设计复杂,包含近 8 万路电子学信号通道,而且这 8 万路电子学系统集成在仅仅 1 立方米左右的空间中。作为我国首发的大型天文科学卫星,"悟空号"的主要科学仪器无论是重量、功耗还是电子学线路的复杂度、工程实现难度均超出了传统意义上对有效载荷的定义。就拿 BGO 量能器来说,它结构复杂、指标先进、技术难度高,而且是我国空间型号任务中此类探测器装置的首次实现，并无先例可循，其研制是一项艰巨的任务。

"悟空号"发射升空后运行良好，各个子探测器工作稳定、可靠。"悟空号"每两小时绕地球运动一周，每天有两次飞越我国上空。飞越我国上空时，"悟空号"会向地面传输数据，每天大约传输 16 GB 的数据。截至 2023 年 12 月 17 日，"悟空号"已绕地球飞行了 44 515 圈，探测高能粒子 146 亿个。

"悟空号"团队发布的首批科学成果是电子宇宙线能谱的高精度测量结果（见图 3-22）。该成果于 2017 年 12 月 7 日在《自然》杂志上发表。令人惊喜的是，"悟空号"首次直接测量到了电子宇宙线能谱在 1 万亿电子伏处的拐折：宇宙线的粒子数从该能量开始剧烈下降。

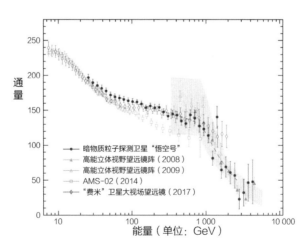

图 3-22 "悟空号"的首批科学成果——电子宇宙线能谱。图片来源: DAMPE Collaboration. *Nature*, vol 552, 2017: 63-66

之前的地面实验也曾发现过这一拐折的"蛛丝马迹",由于数据误差实在非常大,科学家当时无法确定拐折存在。好在"悟空号"的数据确凿无疑地证明了能谱拐折的存在。该拐折在物理上反映了宇宙中高能电子辐射源的典型加速能力,对于研究电子宇宙线"超出"是否源于暗物质起着非常关键的作用。

3.6 追捕"崂山道士"——轴子

3.6.1 什么是轴子

说到轴子,就不得不先介绍**量子色动力学**(quantum chromo-dynamics,QCD)中的一个悬而未决的谜题——强 CP 问题(C:电荷共轭;P:宇称)。简而言之,为何弱相互作用可以违反 CP 对称、出现 CP 破坏,而强相互作用虽然理论上预期了 CP 破坏的存在,实验上却一直没有发现?

1977 年,罗伯托·佩切伊(Roberto Peccei)和海伦·奎因(Helen Quinn)为解决这一难题提出了一种新的对称性并以他们的姓氏命名——PQ 对称性。次年,史蒂文·温伯格(Steven Weinberg)和弗朗克·维尔切克(Frank Wilczek)各自独立发现了 PQ 对称性,意味着可能存在一种非常特别的基本粒子。维尔切克给这种特别的粒子取名"轴子"(Axion),据说灵感来自"Axion"牌洗衣粉——毕竟轴子的引入可以"清除"一个物理谜题。

轴子的质量轻（约为电子质量的 10^{-11} 甚至更轻）、不带电、没有量子自旋、寿命长、相互作用微弱，但数量可以很大。虽然轴子是为了解决粒子物理问题提出来的，但研究发现它竟和宇宙中的暗物质所要求的属性高度吻合，轴子也因此成为一种理想的暗物质粒子候选体。近年来，对轴子的搜寻研究引起了越来越多的关注。轴子的质量与表征相互作用强度的耦合系数成反比，只有一个参数是自由的。推广的类轴子粒子是一种相互作用形式相同，但质量和耦合系数都是自由参数的粒子，它同样可以作为暗物质粒子的候选体。

有意思的是，在弦理论等一些更为基本的理论中，极轻的类轴子粒子也被普遍预言存在。可以说，轴子或类轴子粒子建立起了粒子物理、宇宙学、天体物理等领域的广泛联系，具有非常基础和深远的物理意义。

轴子的引入可以同时揭示两个未解之谜：强 CP 问题和暗物质问题。不过，"轴子是否存在"本身又成为一个新的未解之谜，破解谜题的当务之急便是找到她的"芳踪"。轴子的发现无疑会成为基础物理学领域的一项伟大成就，全球的科学家为搜寻轴子和类轴子粒子想了很多巧妙的办法。

轴子最显著的特征是能够轻而易举地穿过各种障碍，来无影去无踪。《聊斋志异》的故事中有一个"崂山道士"，他能够不着痕迹地穿墙过屋，来去无形。我们普通人撞到墙会头破血流，原因是组成人体和墙的原子具有电磁相互作用。同样，光子也有电磁相互作用，也无法穿过墙壁，所以我们看不到墙背面的物体。但是暗物质粒子（包括但不限于轴子和类轴子粒子）没有电磁相互作用，可以像"崂山道士"那样轻而易举地穿过厚厚的墙壁。

轴子和类轴子粒子最独特的属性是，它们可以和光子在电磁场中相互转化。借助这一独特属性，科学家设计了多种实验来寻找轴子和类轴子粒子。我们会在此介绍几种比较主流且很有意思的实验。

3.6.2 轴子和类轴子粒子的实验室探测

第一类探测是微波谐振腔实验，主要用于探测宇宙中的轴子或类轴子粒子。这些轴子和类轴子粒子能量不高，在磁场中转化成的光子处在微波波段。这类微波光子信号可以被约瑟夫森参量放大器探测到。为了降低实验时的背景干扰，实验要在极低的温度下进行，这给此类实验带来了很多挑战。此类实验中的典型代表是美国的"轴子暗物质实验"（Axion Dark Matter Experiment，ADMX，见图 3-23）。

图 3-23　轴子暗物质实验（ADMX）。图片来源：Mark Stone/University of Washington

　　第二类探测的是太阳发射的轴子和类轴子粒子。太阳核心温度达千万摄氏度，因此核反应过程产生的轴子和类轴子粒子具有极高的能量。这些粒子在磁场中转化成的光子处在 X 射线波段。该转化过程既可以在地磁场中发生，也可以在实验室磁场中发生。图 3-24 展示的是"欧洲核子研究中心轴子太阳望远镜"（CERN Axion Solar Telescope，CAST）的原理示意图。

　　第三类探测是光子穿墙实验（见图 3-25）。光子先在墙左边的磁场中转化成轴子，轴子穿过墙壁后再在墙另外一侧的磁场中转化回来。光子通过两次"变身"，就能像"崂山道士"那样穿墙而过了。光子穿墙实验的代表是德国的"任意轻粒子搜寻"（Any Light Particle Search，ALPS）实验。

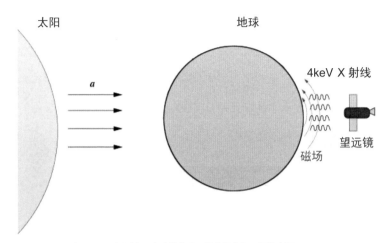

图 3-24　利用 CAST 探测太阳产生的轴子和类轴子粒子。图片来源: R. Battesti et al.
Lect. Notes Phys. 741:199-237, 2008

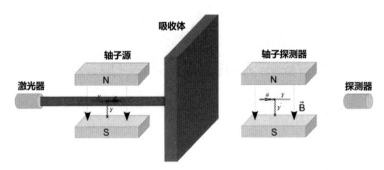

图 3-25　光子穿墙实验示意图。图片来源: R. Battesti et al. Lect. Notes Phys.
741:199-237, 2008

3.6.3　轴子和类轴子粒子的天文学探测

基于相同的原理，天文学家也可以通过测量遥远天体发出的光子来寻找轴子和类轴子粒子的蛛丝马迹（见图3-26）。遥远天体发出的光子会在其所在的星系磁场、宇宙空间和银河系的磁场中与轴子或类轴子粒子互相转化，因此在原本的天体光谱中留下某些特殊的印记，比如光谱上的不规则振荡现象。通过测量这些天体发出的光，就可以搜寻轴子和类轴子粒子。

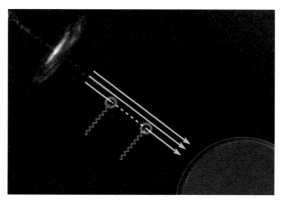

图3-26　天文学上探测轴子和类轴子粒子的示意图。图片来源：Aurore Simonnet/Sonoma State University/NASA/NOAA/GSFC/Suomi NPP/VIIRS/Norman Kuring

有趣的是，宇宙中也有一类"穿墙实验"。这面"墙"并非由原子构成，而是由充斥于宇宙中的背景辐射构成。能量高于万亿电子伏（TeV）的所谓甚高能伽马射线在宇宙空间中传播时，会被"背景光子墙"挡住而无法穿过。这导致我们看不到遥远宇宙空间中的甚高能伽马射线源。如果存在轴子或类轴子粒子，那么来自宇宙深处的甚高能伽马射线就可以通过和轴子或类轴子粒子的转化来穿"墙"而过，被我们观测到，从而极大地延伸探测距离。

第 4 章

宇宙在膨胀

最初，人们认为宇宙处于稳恒态。稳恒态理论认为宇宙中的物质分布在大尺度空间里是均匀的，且不随时间改变。也就是说，宇宙整体上来说始终如一，亘古不变。这种宇宙观既符合前辈科学家对宇宙的观测结果，也能给人一种亲切的安全感。但这一观念已被颠覆，原因是，这一理论与哈勃对星系退行速度的观测结果相矛盾。

速度是表征物体运动方向和快慢的物理量，其定义是"物体运动的位移跟发生这段位移所用的时间的比值"。从定义看，速度是一个矢量，既有大小也有方向。速度的定义就是速度的测量和计算方法。

　　陆地上跑得最快的动物是猎豹，速度约为 30 米 / 秒；战斗机的速度可达 600 米 / 秒；火箭要冲破地球的引力，速度必须大于 7900 米 / 秒；宇宙中的物体所能达到的最大速度是光速，约为 30 万千米 / 秒。

　　关于天体运动速度的测量，也许会有人说，直接用路程除以时间不就行了吗？这在理论上虽然可行，但不具有可操作性。遥远天体某段时间内走过的距离和它与地球的距离相比可以忽略不计，如此小的距离变化难以利用现有的方法精准测量。

　　天文学家通常测量的是星系的径向速度，也就是星系靠近或者远离我们的快慢。而要实现这种测量，需要用到电磁波的多普勒效应。我们首先来讨论一下什么是多普勒效应。

4.1　多普勒效应与天体的红移和蓝移

　　多普勒效应是奥地利物理学家及数学家克里斯蒂安·多普勒（Christian Doppler）于 1842 年首先发现并提出的。这个效应的内涵是，运动物体的波长（如声波和光波的波长）会因为观测者位置的不同而不同。以图 4-1 中的列车为例，如果我们和列车相对静止，那么我们在任何地方测量到的列车上的奏乐声的波长和频率都是相同的。但列车开动并靠近我们时，其声波被压缩，波长变短，频率变高，奏乐声的声调尖而细；列车驶离我们时，其声波波长被拉长，频率变低，奏乐声的声调就变得粗犷。列车的运动速度越大，波长和频率的变化越明显。因此，我们可以用波长和频率的变化来测量列车的运动速度。

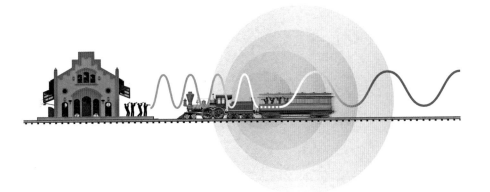

图 4-1　多普勒效应示意图。图片来源：视觉中国

多普勒效应的日常应用还有很多，比如道路上的多普勒测速仪，就是通过发射一定频率的超声波，并根据反射波的频率变化来测量汽车的运动速度的。再比如，常用于医学诊断的彩超，其原理是超声波的多普勒效应。

多普勒效应适用于各种类型的波，当然也适用于电磁波。如图 4-2 所示，远离我们的天体发射的电磁波频率变低、波长变长。此处的电磁波若在可见光波段，则对应其颜色向光谱红色一端变化，也就是"红移"。现在科学家用红移泛指所有波段的电磁波的频率变低。天体远离地球的速度越快，红移值越大。反之，如果天体正靠近地球，那么天体发射的电磁波波长会变短、频率变高，发生蓝移。通过判断红移和蓝移，我们就能知道遥远天体是朝向我们运动，还是远离我们。同时，我们能计算出遥远天体相对我们的运动速度。

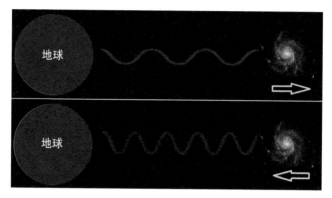

图 4-2　星系的红移与蓝移（仅为示意图，大小不成比例）

4.2　哈勃－勒梅特定律

天文学家系统测量了很多星系的径向速度，发现除了极少数距离非常近的星系，所有其他星系都在红移，也就是说，这些星系都在远离我们。比如在 1912 年到 1922 年间，美国天文学家维斯托·斯里弗（Vesto Slipher）是第一位发现遥远星系红移的人，为宇宙膨胀理论提供了第一个经验基础。

从 20 世纪 20 年代后期起，哈勃利用当时世界上最大的威尔逊山天文台 2.5 米口径的望远镜，系统开展星系的光谱测量和研究工作。尽管拥有全世界最好的观测设备，哈勃的工作仍然充满了艰辛。一百多年前的望远镜，自动化程度低，操纵起来颇为费力。星系因为距离遥远，即使在口径如此大的望远镜中仍然非常暗。为了得到高质量的光谱，曝光过程往往持续几十分钟，甚至几小时。

　　哈勃坚持不懈地工作，终于有所收获。到 1929 年，哈勃已经获得了 40 多个星系的光谱。这些光谱也普遍表现为红移。利用天文测距方法（见第 5 章），哈勃对这些河外星系与我们的距离进行了测量。虽然已经得到了 46 个河外星系的径向速度，但其中仅有 24 个可以计算出距离。根据这些结果，哈勃惊讶地发现，星系的退行速度正比于距离（见图 4-3）。我们现在把比例系数叫作**哈勃常数**，这一正比关系就是著名的**哈勃定律**。

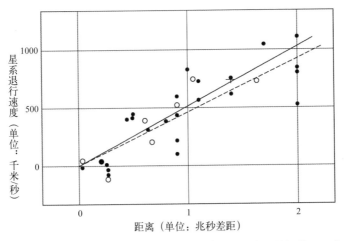

图 4-3　哈勃测量的星系退行速度与距离的关系。图片来源：Edwin Hubble. Proceedings of the National Academy of Sciences, vol. 15 no. 3: 168–173

1927 年，比利时天文学家乔治·勒梅特（Georges Lemaître）计算出广义相对论中爱因斯坦场方程的一个解，这个解对应了一个加速膨胀的宇宙。2018 年 10 月，为了纪念勒梅特的这一贡献，国际天文学联合会经过表决，将哈勃定律更名为**哈勃－勒梅特定律**。

根据哈勃－勒梅特定律，距离地球越远的星系，其红移值越大，离我们远去的速度也越大。看起来，好像所有星系都离我们越来越远了。

4.3 膨胀的宇宙

但事情并没有看上去那么简单。天文学上有个被称为**哥白尼原理**的基本原则："宇宙中没有任何一点是特殊的，所有的位置都是平等的。"这个原理有点儿像宇宙版的"众生平等"。2011 年，上海交通大学张鹏杰教授（时为上海天文台研究员）对哥白尼原理进行了检验，证实径向尺度在 30 亿光年以上时，哥白尼原理是成立的。由哥白尼原理可知，宇宙中的任何两点都在渐行渐远。这样的结果，不可能是天体之间的相对运动所引起的，只能是因为时空膨胀。

关于二维空间的膨胀，一个比较直观的例子是吹气球。气球膨胀的时候，气球表面上任意两点的距离都在逐渐变大。如果星系等天体分布在气球表面上，那么随着气球越来越大，气球表面任意两个"天体"之间的距离都会越来越远（见图 4-4）。而三维空间的膨胀过程，就类似气球膨胀的整个过程。

图 4-4 空间本身像气球表面一样膨胀时，星系会相互远离。图片来源：TAKE 27 LTD/SPL

时空膨胀时，其中的电磁波波长也被"拉长"，表现在光谱上就是红移。所以说，我们前面讲的多普勒效应只是帮助我们理解：时空的膨胀才是星系红移和哈勃－勒梅特定律的物理起源。

四维时空（时间＋三维空间）膨胀有比较直观的例子吗？因为我们生活在其中，所以不太容易想象这一过程。在此，我仅提供一个不是很恰当的比喻——烟花。想象绚烂的烟花（见图 4-5），每个亮点都代表一个时空点。时空膨胀（见图 4-6）就像烟花绚烂绽放的过程。你还可以把烟花的每个亮点想象成一个星系，宇宙的膨胀就如绚烂的烟花凌空开放。当然，时空膨胀并不是宇宙在向外爆炸，占据外部更大的空间，而是自己内部的任意两点间的物理距离扩大。在理解这一概念的时候，要注意区分其中的细微差异。

图 4-5　绚烂的烟花——一个四维时空膨胀的类比。图片来源：视觉中国

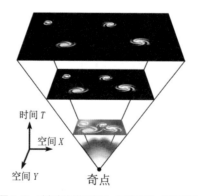

图 4-6　时空膨胀的示意图。图片来源：维基百科

第 5 章

膨胀在加速

　　知道了宇宙在膨胀，很多人会想到一个问题：宇宙的膨胀速度是否在变化，是越来越快，还是越来越慢？我们知道，天体之间有万有引力。在引力的作用下，宇宙的膨胀速度应该越来越慢，在达到极限后会反转为收缩。所以在 20 世纪 90 年代，很多科学家热衷于测量宇宙膨胀的减速因子。当然，结果让人大跌眼镜：宇宙竟然是在加速膨胀的！

　　测量宇宙膨胀速度的变化，表现在数据上就是测量遥远星系的距离和红移。如果特定红移星系的距离比我们预想的大，就说明宇宙有更快的膨胀速度，反之亦然。所以问题的重点归结为对遥远天体距离的精确测量，这也是本章讨论的重点。在回顾常见的测距方法后，我们首先讨论不同天文测距方法的原理和适用范围，然后讲一下最新的测量结果及宇宙加速膨胀的证据，最后讨论一下宇宙加速膨胀的理论解释。

5.1　常见的测距方法

距离的国际单位是米，最初定义为通过巴黎子午线全长的四千万分之一。随着计量学的发展，米的定义几经修改。2019 年，国际计量大会更新了米的定义：当真空中的光速 c 以 m/s 为单位表达时，选取固定数值 299 792 458 来定义米。1 米有多长，大家都有非常直观的概念。但在天文学上，米这一长度单位太短了，非常不直观。我们常用的长度单位是光年，它的定义是"光在一年时间内走过的距离"。光一秒大约走 30 万千米，可以绕地球 7.5 圈。经过简单计算，我们很快就能算出，光一年走过的距离约为 9.46 万亿千米（约为 0.31 秒差距）。天文上的距离之远往往是我们难以想象的，准确测量天文距离也是极困难的。我们以比邻星为例简单解释一下天文距离的大小，希望能够给你提供一个直观的感受。比邻星位于半人马座，是距离太阳系最近的恒星，也就是科幻小说《三体》里三体人的老家。它距离我们约 4.2 光年，也就是约 40 万亿千米。现有的航天器飞到比邻星要几十万年。

生活中测量距离比较简单，很多情况下，我们直接拿直尺（见图 5-1）或者卷尺量就行了。为了提高测量精度，我们还发明了很多复杂的测量工具，比如大家在中学时用过的游标卡尺和螺旋测微器。但对测距环境复杂或者两点距离过大等情况，直接测量就不适用了，我们需要借助一些间接方法。

图 5-1　小学生常用的测距工具——直尺。图片来源：维基百科

　　小时候大家都学过蝙蝠在漆黑的屋子里躲避绳子的故事。这说明蝙蝠在夜间捕捉食物不是靠眼睛，而是靠回声定位（见图 5-2）。蝙蝠可以发出人听不到的超声波。超声波碰到障碍物后反射回来。蝙蝠根据超声波发出和回波接收的时间差，能够准确知悉目标物的距离。

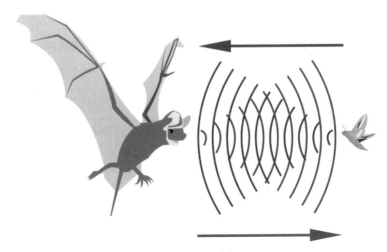

图 5-2　蝙蝠靠回声定位。图片来源：Wikimedia

这种方法也可用于其他领域的测距，比如海洋深度的测量。要测量深度，我们最容易想到的办法是用一条绳子拴一个重锤放下去。等重锤到底，测量一下绳子的长度，就知道具体的深度了。这种方法原理上可行，但实际操作起来困难重重。1520 年，著名航海家麦哲伦曾用这种方法在远海探测海底的深度，不过由于绳子太短失败了。使用蝙蝠的方法，既精确又操作简便。船上的声呐发射超声波，超声波在海底反射回来后又被声呐接收。声音在水中的速度乘以时间，就是这个过程中声音走过的距离。海洋深度就是这个距离的 1/2。军用雷达也是利用这个原理设计出来的。当然，雷达用的不是超声波，而是波长很长的电磁波。

天文学家也可以使用这样的方法测距，比如测量地月距离。测量地月距离用到的是电磁波，因为声波在真空中是无法传播的。普通的光源，如手电筒，发出的光传播很短的距离就会发散，无法产生足够强的回波信号。地月距离测量用到的光源是大功率绿色激光，它具有亮度高和准直性好的优点。要使照射到月球的光反射回来，还需要在月球上安装一个可以反射光的仪器。好在"阿波罗 11 号"早有准备（见图 5-3）。2014 年 4 月 15 日，当月全食发生时，位于美国新墨西哥州南部的阿帕奇天文台进行了一次测量（见图 5-4）。反射光经过如此长距离的传播后已经非常微弱了，肉眼是看不见的，只能靠更精密的设备。根据光发射和接收到反射光的时间差，我们可以很容易地计算出地月之间的距离。

图 5-3　"阿波罗 11 号"宇航员放置的反射器。图片来源: NASA Apollo Program

图 5-4　绿色激光照射月球产生的反射光。图片来源: Dan Long/Apache Point Observatory

上述方法理论上来说可以测量更远天体的距离，但实际上不具可操作性，因为更远的天体测距需要更大功率的激光器，并且需要提前放置反射器。在天文学上，测距是一件困难的事，相关技术的进步直接推动了天文学和宇宙学的发展。这也是本章重点讨论的内容。

5.2　天文测距方法

5.2.1　视差法

视差法的原理比较简单，你可以按照下述步骤做个小实验。伸出食指，放在眼睛的正前方，先后用左右眼看手指，手指在背景中的方位是不同的。两眼和食指之间形成一个夹角（见图 5-5），可以通过手指在视野中的方位准确计算。将食指向双眼移近，夹角就会变大，反之变小。两眼之间的距离是已知的，利用夹角和正余弦公式就能很容易地算出手指到眼睛的距离。

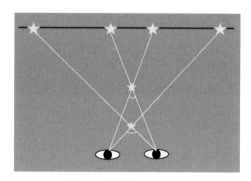

图 5-5　视差法的原理示意图

　　如果物体与双眼的距离变大，夹角就会变小。如果夹角小到无法精确测量，这种测距方法就失效了。有什么办法补救呢？我们可以想办法尽可能地增大"两只眼睛"的距离。具体方法是：在一个地点观察被测量物体，记录下物体的方位，然后走到下一个地点，重复上述过程。这种方法可以有效地扩大视差法的适用范围。

　　"两只眼睛"的距离能被拉长到多远？视差法的极限在哪里？地球绕太阳旋转的轨道是一个椭圆。地球椭圆轨道的长轴两端是人类现在所能到达的距离最长的两个观察点。图 5-6 展示的是如何利用视差法测量天体距离。以地球公转轨道的长轴为底边（图中未标出），待测量天体为顶点，组成一个三角形，在同年 2 月和 8 月分别观测一次，记录每次的方位，并计算出三角形的顶角。三角形的另外两个角比较容易测量。它的底边长度是地球公转轨道长轴的长度，约为 3 亿千米。根据这些数据和一些简单的几何运算，就能够得出该天体与我们的距离。

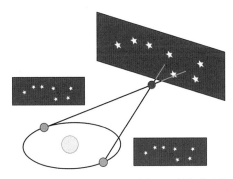

图 5-6　天文学上利用视差法测距，红点是天体在不同时刻与北斗七星的相对位置。
图片来源：维基百科

视差法的优点是准确性高，不依赖其他不确定的假设和经验关系。但这一方法只能实现银河系内部分天体的距离测量，测量范围有限。视差法还有一个重要的作用——校准其他测距方法，比如我们接下来要讨论的造父变星法。

5.2.2 造父变星法

现有方法的测距能力从小到大依次是视差法、造父变星法和标准烛光法，呈梯形逐级递增。下一级的准确性由上一级的测量结果来标定和检验，所以这 3 种方法的准确性也逐次降低。

造父变星法本质上是用恒星的亮度来确定距离。在天文学上，我们用"星等"来衡量天体的光度。但天体本身的发光强度（绝对星等）和我们看到的天体的亮度（视星等）是不同的。我们肉眼所见的恒星亮暗一部分源于恒星本身发光强度的差异，一部分取决于恒星距离我们的远近。所以要用这种方法测量距离，首先要准确测算出恒星的绝对星等。

在天文学上，绝对星等是指把天体放在特定的距离（距地球约 32.6 光年）时，天体所呈现出的视星等。绝对星等代表了天体自身的发光能力（见图 5-7）。我们当然没有办法跑到离恒星 32.6 光年的地方实地观测，那我们怎么知道恒星的绝对星等呢？这就需要通过天文观测寻找绝对星等和其他物理量之间的关系，通过测量其他物理量来计算绝对星等的大小。在不考虑红移和时空膨胀等因素的情况下，我们看到的天体的亮度反比于天体与地球距离的平方。根据绝对星等和视星等是比较容易计算出距离的。造父变星的周光关系就是我们一直以来努力寻找的可用于天文测距的定律。

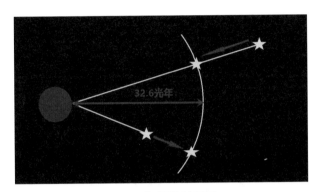

图 5-7　绝对星等的示意图

造父变星（Cepheid variable star）是一种脉动变星。"脉动"是指这种变星的亮度是周期性变化的，它们忽亮忽暗，亮暗间隔时间相同。造父变星的典型星是约翰·古德利克（John Goodricke）在仙王座 δ 星中发现的。因为该星的中文名为"造父一"，所以这类变星被称作**造父变星**。

造父变星能够作为"量天尺"，离不开一位坚忍的天文学家——亨丽埃塔·斯旺·莱维特（Henrietta Swan Leavitt，见图 5-8）。莱维特是听障人士，且常年疾病缠身，但仍以坚韧不拔的毅力开展天文学研究。1893 年，莱维特发现，小麦哲伦云中的一些变星光变周期越长，该周期内的平均绝对星等就越大。1908 年，造父变星的周光关系论文在哈佛天文台的年报上发表，并于 1912 年得到最终确认。为纪念莱维特，第 5383 号小行星和月球表面的一座环形山都以她的姓氏命名。

图 5-8　天文学家莱维特。图片来源：维基百科

造父变星的周光关系见图 5-9，其中横轴表示造父变星的光变周期，纵轴表示造父变星的绝对星等。图中的绝对星等可以通过视差法测得距离再根据视星等经计算得到。因此可以说，视差法是造父变星法的基础。我们可以从图中看出，绝对星等和光变周期之间有很强的正相关性。对于更遥远的造父变星，我们无法通过视差法测距，但是可以测量它的光变周期，利用上述线性关系得到它的绝对星等，进而计算出它与地球的距离。

造父变星法是非常重要的天文测距方法，准确度较高，可测距离也较远。在测量星团、星系的距离时，只要在其中找到造父变星，就可以利用这种方法确定它们与地球的距离。天文学家哈勃就是利用造父变星测量了仙女星系与地球的距离，从而确认它是一个河外星系。

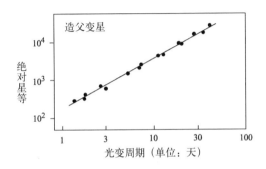

图 5-9　造父变星的周光关系。图片来源：Leavitt. Harv. Coll. Obs. 1908: 87

5.2.3　标准烛光法

标准烛光法的原理更简单，我们举例说明。图 5-10 是一排正在燃烧的蜡烛，每根蜡烛的火苗亮度几乎相同。蜡烛与观测者的距离越远，其在观测者眼里就越暗。这就是标准烛光法的原理和名字的起源。提起一排蜡烛，笔者首先想到的是《射雕英雄传》中的高手们在密室里练功的场景。小小的蜡烛竟然和天文学上的距离测量有这么密切的关系，这是很多人没想到的。在生活中，这样的例子很多，比如晚上常见的路灯（见图 5-11）。我们知道，每个灯泡的功率都是一样的，因此也都具有相同的亮度。路灯离观测者越远，灯光就越昏暗，反之就会越亮。

图 5-10 烛光的亮度随距离观测者远近的变化。图片来源: Lawrence Livermore National Laboratory/Universe Adventure

图 5-11 路灯的亮度随距离观测者远近的变化。图片来源: Wikimedia

要用这种方法测量距离，需要找到发光强度基本相同的天体。宇宙中的天体有很多，我们能否找到"标准烛光"？这其实非常不容易。夜空中最常见的是恒星，但不同质量和寿命的恒星的发光强度差别很大。因此恒星不是我们要找的"标准烛光"。

星系是由恒星聚集而成的，每个星系的恒星数量千差万别，也不是好的"标准烛光"。那么宇宙中存在理想的"标准烛光"吗？经过多年的努力，天文学家真的找到了一种理想的"标准烛光"——Ⅰa 型超新星。

Ⅰa 型超新星能够作为"标准烛光"，和它的特殊形成过程是密切相关的。图 5-12 中的两个天体共同组成了一个双星系统，左边的天体是红巨星，右边的是白矮星。红巨星不断膨胀，外层物质离中心越来越远，红巨星对这些物质的引力束缚也越来越弱；当白矮星的引力大于红巨星时，红巨星的外层物质就被白矮星吞噬。白矮星越吞越大，当其质量达到 1.44 倍太阳质量时，就会轰然爆炸，形成Ⅰa 型超新星爆发。因为白矮星爆炸需要的"临界质量"是固定的，所以爆炸产生的亮度也就是固定的。这样我们就在宇宙中找到了一个发光强度稳定、可以作为"标准烛光"的光源。

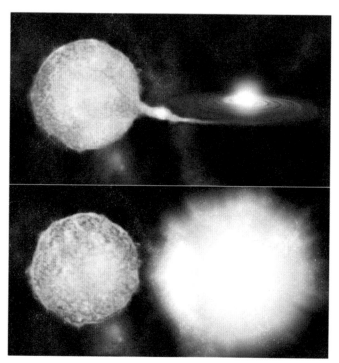

图 5-12　Ⅰa 型超新星的产生机制。图片来源：NASA/CXC/M. Weiss

　　我们可以把白矮星想象成一只贪吃的小狗，把红巨星想象成小狗爱吃的骨头。小狗越吃越多，终于吃不下了，肚皮就被撑破了。

　　有了"标准烛光"（见图 5-13），我们就可以测量更远的距离了。当然，具体操作过程会更复杂一些，我们用到的其实是超新星爆发过程中最大亮度时的绝对星等与光度变化曲线之间的函数关系——菲利普斯关系。我们可以根据光度变化曲线确定绝对星等，最终算出距离。

　　标准烛光法是我们介绍的方法中能够可靠测量的距离最远的方法，但也是精度最低的方法。Ⅰa 型超新星爆发过程并不常见，这种方法也无法用来确定任一星系的距离。科学家还在努力寻找测量距离更远、测量精度更高的方法。

图 5-13　宇宙中的"标准烛光"，星系中的明亮点就是Ⅰa 型超新星。图片来源：NASA/JPL-Caltech

5.3　宇宙加速膨胀与暗能量

5.3.1　宇宙加速膨胀的发现

　　宇宙膨胀速度是否随时间变化？由于引力效应的对抗（我们都知道，物质之间的万有引力具有使物质聚集在一起的趋势），科学家曾普遍认为宇宙的膨胀速度会越来越小，最终宇宙停止膨胀，然后开始收缩。在很长的一段时间里，科学家都在测量宇宙膨胀的减速因子。

但生活总是充满了惊喜和意外。1998 年，高红移超新星搜索团队发表了Ⅰa 型超新星的观测数据，发现遥远超新星的亮度比减速膨胀模型的理论预期要低，也就是说，它的实际距离要比减速膨胀理论给出的距离远。这说明宇宙的膨胀速度其实是越来越大，所以"拉长"了超新星到银河系的距离。1999 年，超新星宇宙学计划研究团队进一步证实了该发现。因为宇宙加速膨胀的发现，这两个团队的领导者（见图 5-14）共同获得了 2011 年诺贝尔物理学奖。

图 5-14　2011 年诺贝尔物理学奖获得者（从左向右）——索尔·珀尔马特（Saul Perlmutter）、布赖恩·保罗·施密特（Brian Paul Schmidt）和亚当·盖伊·里斯（Adam Guy Riess）。图片来源：诺贝尔奖网站

图 5-15 展示的是不同暗物质、暗能量占比的宇宙模型和实验数据的比较，其中黑点是里斯等人的数据，红点是 HST 的观测数

据，横轴表示退行速度，纵轴可以理解成遥远 I a 型超新星的距离，最上面的红线代表的是宇宙一直在加速膨胀的模型。这种模型给出的超新星的距离太远，和观测数据不符。最下面的蓝线代表的是宇宙减速膨胀的模型，它和观测数据也不一致。中间的绿线和观测数据符合得最好，它代表先减速膨胀，并从某个时间点开始加速膨胀的宇宙模型。这一完全出乎意料的结果，从根本上改变了我们对宇宙的理解。到底是什么原因使宇宙中的星系加速远离我们呢？

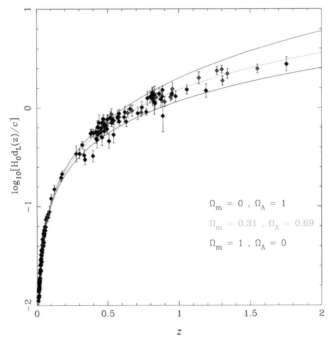

图 5-15　不同暗物质、暗能量占比的宇宙模型和实验数据的比较，其中黑点是里斯等人的数据，红点是 HST 的观测数据。图片来源：T. Roy Choudhury, T. Padmanabhan. Astron. Astrophys. 429 (2005) 807

5.3.2 暗能量

实事求是地讲，我们还没有完全弄清楚宇宙加速膨胀的原因。目前大致有两种方法来解释宇宙加速膨胀：一是修改广义相对论，二是引入一种性质奇特的"暗能量"。根据广义相对论，能够弯曲时空的不仅仅是物质的质量，物质不同部分之间的压强也可以。物质的质量和正压强会使宇宙膨胀速度减小，但负压强可以驱动宇宙加速膨胀。暗能量就有负压强，可以驱动宇宙加速膨胀。当然，负压强这一奇特概念在现实生活中找不到对应物，比较难理解。

暗能量模型也有很多种，最常见的是宇宙学常数暗能量模型。在宇宙加速膨胀被发现以前，宇宙学常数其实已经被爱因斯坦引入到广义相对论中了。爱因斯坦最初引入宇宙学常数是为了避免广义相对论的时空膨胀解。在哈勃发现宇宙膨胀后，爱因斯坦本人放弃了宇宙学常数，并称之为"一生中最大的错误"。没想到几十年后，宇宙学常数卷土重来，非常好地解释了宇宙的加速膨胀。关于暗能量，最自然的解释是"真空能"：一种存在于空间中的背景能量，即使在真空中也存在。根据现代量子场论，真空是能量的基态，而不是"一无所有"，真空中存在着虚粒子的产生和湮灭。目前最大的问题是，理论给出的真空能比宇宙学常数大太多，还需要理论物理学家继续研究这个问题。当然，除了宇宙学常数暗能量模型，还有很多动力学暗能量模型，主要是各类标量场驱动宇宙演化的模型。在这些模型中，暗能量的能量密度也是随宇宙的演化而变化的，宇宙的膨胀速度也因之时时而变。

　　宇宙中既有普通物质、暗物质，又有暗能量。物质倾向于"收缩时空"，而暗能量则会加速"推开时空"。宇宙是加速膨胀还是减速膨胀，要看物质和暗能量的能量密度哪一个更大。如果物质的能量密度大，宇宙就是减速膨胀的，反之则是加速膨胀的。现在的宇宙是在加速膨胀的，说明暗能量的能量密度比物质的能量密度大。那在宇宙早期呢？暗物质的能量密度随宇宙的演化是越来越小的，而暗能量的能量密度随宇宙的演化不变或者变化幅度很小。也就是说，宇宙早期暗物质的能量密度更大，所以宇宙早期是减速膨胀的。在某一个时刻，暗物质的能量密度减小到暗能量的能量密度大小，宇宙由减速膨胀转换为加速膨胀（见图5-16）。

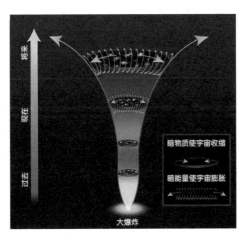

图 5-16　暗能量对宇宙膨胀速度的影响。图片来源：NASA/ESA/A. Field (ST ScI)

现在我们知道，宇宙主要由普通物质、暗物质和暗能量组成，各成分的最新观测结果见图 5-17。我们可以从图中看出，暗能量所占的比重最大，约占宇宙总能量的 68.3%。暗物质约占 26.8%，而普通物质，如恒星、黑洞、中子星等，仅约占宇宙总能量的 4.9%。在宇宙早期，光子这样的"辐射物质"占比更大，只不过它随宇宙的膨胀，能量变小得更快，现在所占的比重已经非常小了。

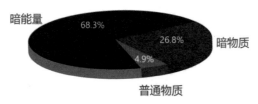

图 5-17　宇宙的组成。数据来源：Planck 团队

所以说，我们对宇宙的理解还非常有限——我们对约占宇宙总能量 95% 的暗物质和暗能量几乎一无所知。人类面前还有漫长的科学旅途。

第 6 章

宇宙大爆炸

大爆炸宇宙模型是现在被广为认可的宇宙模型。最早提出宇宙膨胀这一概念的是科学家亚历山大·弗里德曼（Alexander Friedmann），他在 1924 年发表的论文得到了宇宙的膨胀解，并具体阐述了膨胀宇宙的思想。此后，比利时天文学家勒梅特在 1927 年得到了广义相对论的一个膨胀解。他由此指出宇宙是膨胀的，并认为宇宙最初起源于一个"原始原子"的爆炸。

20 世纪 40 年代，弗里德曼的学生乔治·伽莫夫（George Gamow，见图 6-1）与他的学生拉尔夫·阿尔弗（Ralph Alpher）和罗伯特·赫尔曼（Robert Herman）一道，将粒子物理和核物理引入宇宙学研究，提出了热大爆炸宇宙模型。该模型认为，宇宙最初处于

图6-1 乔治·伽莫夫。图片来源：
维基百科

一个温度和密度都极高的状态。随着宇宙膨胀，宇宙温度逐渐下降，原子核、原子、恒星、星系和星系团等物质结构渐次形成。大爆炸宇宙模型还成功预言了宇宙微波背景辐射的存在和宇宙中轻核的丰度。1964年，美国无线电工程师阿诺·彭齐亚斯（Arno Penzias）和罗伯特·威尔逊（Robert Wilson）于偶然中发现了宇宙微波背景辐射，证实了大爆炸宇宙模型的预言。

如前所述，宇宙中存在"辐射物质"、普通物质、暗物质和暗能量。"辐射物质"指的是光子和中微子，由于质量为零或者质量很小，运动速度是光速或接近光速，因此被称为"辐射物质"。普通物质指我们日常所见的由原子、分子组成的物质，也包括宇宙中的各类天体。在宇宙的膨胀过程中，这几者的能量密度具有不同的演化行为。"辐射物质"的能量密度比普通物质和暗物质减小得更快，而暗能量的能量密度可能是一个恒定值。在当今的宇宙之中，"辐射物质"的占比已经非常小了，但在宇宙的极早期，"辐射物质"是占主导地位的。需要指出的是，"辐射物质"、普通物质和暗物质对宇宙的演化所起的作用是一致的，即都会使宇宙膨胀速度减小。暗能量才是驱动宇宙加速膨胀的"原动力"。

不同类型的物质在宇宙的不同时期所占的比重是不同的。在宇宙早期，暗能量和普通物质相比，能量密度可以忽略不计，所以宇宙是减速膨胀的。但在宇宙的膨胀过程中，暗能量之外的其他物质形式所占的比重都是不断减小的，而暗能量所占的比重不断变大。大约 50 亿年前，暗能量的能量密度比"辐射物质"、普通物质和暗物质的总和都大，于是宇宙开始加速膨胀（见图 6-2）。

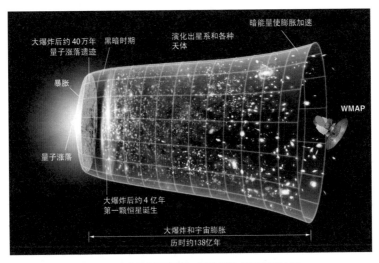

图 6-2　宇宙演化的示意图。图片来源：NASA/WMAP

6.1　宇宙的最初 3 分钟

利用大爆炸宇宙模型，我们可以精确地计算出宇宙物态每时每刻的变化、各种物理过程的发生及其引起的各种观测特征。大爆炸宇宙模型给出了宇宙的极为丰富且确定的物理内容，可供实在的观测检验。宇宙学已经从哲学思辨中走出来，成长为一门精确且逻辑严密的学科。

宇宙大爆炸的起点是密度无穷大的奇点。奇点通常被认为是一个密度无限大、能量无限高、体积极小的"点"，现有理论尚无法描述奇点的物理规律。奇点这一概念在物理学上有两个应用：一个是黑洞，另外一个是宇宙大爆炸之前的初始奇点状态。奇点的存在意味着相对论的"失败"，为很多科学家所不喜。有的学者认为，如果有某种与量子力学自洽的引力理论，可能就不需要奇点这一概念了——当然，这只是猜测。1969 年，罗杰·彭罗斯（Roger Penrose）提出了"宇宙审查假说"，他猜想奇点必须被隐藏在黑洞的事件视界之后，也就是说，不存在裸奇点。不过这一猜想并不适用于宇宙极早期的状态。这一状态近乎是物理理论的"禁区"，我们现在还无法准确、合理地描述它。

大爆炸之后，宇宙经历的第一个状态是暴胀，也就是时空急速膨胀。暴胀开始的时间大约是 10^{-36} 秒。暴胀结束时，宇宙年龄为 10^{-33} 秒至 10^{-32} 秒——在如此短的时间内，宇宙急速膨胀了 10^{78} 倍。暴胀理论是美国科学家阿兰·古思（Alan Guth）在 1980 年提出的。这个模型解决了大爆炸理论的很多问题，比如视界问题和平坦性问题等。暴胀这一观念虽然已被科学界广为接受，但仍然有很多问题和细节没搞清楚，比如是什么样的场驱动了暴胀？是一个场还是多个场？这些问题有待进一步的实验观测和理论研究。

　　由于时空极速膨胀，宇宙的温度快速降低。暴胀结束后，一个重加热的过程使宇宙重新变热，也使宇宙进入辐射为主的时期。在这一时期，宇宙的温度和密度非常高，组成宇宙的物质"挤"在一个非常狭小的空间里，仿佛一锅由基本粒子组成的"热粥"。在这种状态下，粒子不断地产生和湮灭，各种粒子都处在热平衡状态。由于温度极高，任何复合粒子都会被高能粒子"无情打碎"。因此，此时的宇宙中只有电子、夸克、光子和中微子等基本粒子，质子、中子、原子和分子等还未形成。宇宙随着时间演化变得越来越冷，复合粒子因此渐渐地产生。宇宙温度下降到重子能够"存活"时，夸克开始结合成重子，如质子和中子。

　　极早期的宇宙处在热平衡状态，物质和反物质是同样多的。然而，我们现在的宇宙是物质的世界，反物质几乎消失了。这些反物质都去哪里了？我们将在 6.3 节中讨论这一问题。

　　宇宙的年龄为 3 分钟的时候，质子和中子开始发生核反应，产生更重的原子核。这一过程叫**原初核合成**，大约持续了 17 分钟。原子核由轻到重，逐渐产生更大质量的原子核，如氢的同位素氘（也写作氢-2，有 1 个质子、1 个中子）、氦的同位素氦-3（见图 6-3，有 2 个质子、1 个中子）和氦-4（有 2 个质子、2 个中子）、锂的同位素锂-6（有 3 个质子、3 个中子）和锂-7（有 3 个质子、4 个中子）等。除了这些稳定的同位素，氚（有 1 个质子、2 个中子）、铍-7（有 4 个质子、3 个中子）和铍-8（有 4 个质子、4 个中子）等不稳定的放射性同位素也在这一时期被合成出来。这些不稳定的同位素有可能衰变成更轻的原子核，但在衰变发生前，也许会作为合成更大质量原子核的"原材料"，为原初核合成做贡献。原初核合成主要产生的是原子核质量较小的轻核，比如氦、锂等（见图6-4）。大爆炸核合成过程中生成的氦核元素大约是氢核的 1/10；氢-2 和氦-3 仅是氢核的 10^{-5}；锂-7 和铍-7 的比例更低，约为氢核的 10^{-10}。比它们更重的元素，所占的比例更低。所以，宇宙中的重核主要不是在大爆炸过程中产生的，而是在恒星内部的核反应和中子星并合等过程中产生的。

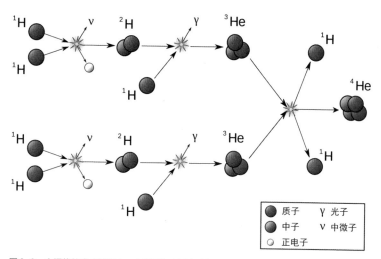

图6-3 大爆炸核合成过程中，由质子和中子合成氦原子核的反应过程，其中红球代表质子，灰球代表中子，白色的小球代表正电子，ν 代表中微子，γ 代表光子。图片来源：Wikimedia

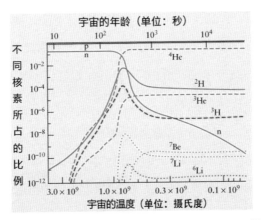

图 6-4　大爆炸核合成产生的轻核的比例。图片来源：E. L. Wright/UCLA；数据来源：Scott Burles, Kenneth M. Nollett, Michael S. Turner, arXiv: astroph/9903300

6.2　光子退耦、黑暗时期与第一缕曙光

宇宙的年龄约 5 万岁时，其中物质的能量密度超过辐射，成为宇宙能量最主要的部分。宇宙在 37.9 万岁时，温度降至 3000 开尔文[①]。在此温度下，原子核和电子就可以结合在一起，形成电中性的原子。由于原初核合成产生的主要是轻核，因此新产生的原子也主要是氢原子和氦原子。

在原子形成之前，宇宙中的光子是不能自由穿行的，它们会频繁地跟带电粒子（如电子、质子等）碰撞。但带电粒子彼此结合成原子之后，光子就可以在宇宙中自由穿行了。这种现象叫作**物质–**

① 1 开尔文等于 –272.15 摄氏度。——编者注

辐射退耦。退耦之后的光子变成了宇宙的背景辐射。随着宇宙的演化，背景光子的温度降低，波长变长。今天能够测量到的背景辐射温度约为 2.725 开尔文，光子的波长在微波波段——这也是为什么我们称其为**微波背景辐射**。

微波背景辐射已由多组仪器精确测量出来（见图 6-5）。微波背景辐射的温度在宇宙的不同方向并不精确相等，而是有 10^{-5} 的差异。这种微小的温度涨落归根结底是暴胀时期的量子涨落造成的。

图 6-5　WMAP 卫星对宇宙微波背景辐射的测量结果，颜色代表温度的高低。
图片来源：NASA/WMAP

但是微波背景辐射的温度涨落太小，还不足以据此演化形成现在的宇宙大尺度结构，这时候就需要暗物质来帮忙了。暗物质退耦更早，密度涨落随着宇宙的演化而增大。光子退耦后，氢原子等会在引力的作用下，向暗物质密度大的地方聚集。氢原子越聚越多，中心的温度也会越来越高。当温度高到能"点燃"核聚变反应时，氢原子集团就变为一颗燃烧的恒星。

　　光子退耦发生在宇宙诞生后的第 38 万年。在此后的两亿年里，宇宙中不存在可以发光的天体，处于漆黑一片的状态。这一时期被称为宇宙的**黑暗时期**。在黑暗时期，宇宙虽然是黑洞洞的，但演化并未停止。这时的宇宙仍然暗流涌动，某些物质密度高的区域，会不断吸收周围区域的物质，滚雪球一样越滚越大。这个"雪球"的主要成分是氢气，随着氢气球越滚越大，球心的温度也越来越高。等核心温度高到能够"点燃"氢气的核聚变反应时，第一代恒星就诞生了。宇宙重现光明，黑暗时期也随之结束了。

　　黑暗时期的中性氢是极难探测的，不过科学家在理论上找到了一种非常巧妙的方法。中性氢原子即使没有吸收光子，自身也会产生辐射——处于基态的中性氢原子的电子自旋和核自旋相互作用，会让电子从与核自旋平行的高能态跃迁到与核自旋反平行的低能态，发出波长为 21 厘米的射电辐射。当然，经过宇宙的膨胀，它的波长时至今日已经被拉伸到米波波段了。不过这一信号极其微弱，以至于被淹没在了宇宙大爆炸的余晖中。通常来说，它是难以被探测到的。凡事皆有例外，第一代恒星照亮宇宙的时候，它们发射的光会电离周围的中性氢，从而破坏中性氢 21 厘米辐射与宇宙背景辐射的平衡，让我们有机会探测到来自宇宙黑暗时期的中性氢辐射。这些观测反过来也会告诉我们关于第一代恒星形成和宇宙演化的很多信息。

　　米波正好是电视台和调频广播的频段，会给信号的探测带来非常强的干扰，所以是中性氢探测最大的敌人。2018 年，美国亚利桑那州立大学的贾德·鲍曼（Judd Bowman）和麻省理工学院的艾伦·罗杰斯（Alan Rogers）等人合作开展的 EDGES 项目（实验装置见图 6-6）利用设置在澳大利亚默奇森射电天文台的射电天线，首次探测到了宇宙早期的氢原子 21 厘米辐射信号。可惜的是，这一发现和后续的观测结果并不一致，它的真实性受到了很多质疑。

图 6-6　EDGES 实验装置。图片来源：EDGES 合作组

　　恒星聚在一块儿慢慢形成星系，星系形成星系团，星系团形成超星系团，我们将在后面的章节中讨论这些内容。宇宙大约 90

亿岁的时候，暗能量的能量密度开始大于普通物质和暗物质的能量密度，宇宙开始加速膨胀。经过漫长的演化，宇宙就变成了我们现在看到的样子。这就是宇宙从大爆炸到今天的完整演化历史（见图 6-7）。

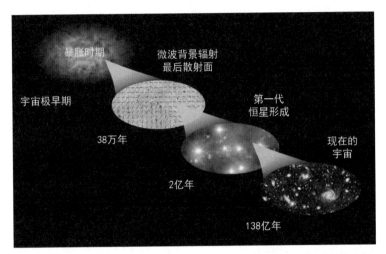

图 6-7　宇宙的不同时期。4 个阶段分别是：暴胀时期、微波背景辐射、第一代恒星形成和现在的宇宙。图片来源：Bock et al. 2006, astro-ph/0604101

6.3　反物质去哪了

根据大爆炸宇宙模型，宇宙始于温度和密度都极高的状态。随着宇宙膨胀，温度逐渐下降，渐次形成原子核、原子、恒星、星系和星系团等物质结构。宇宙早期温度极高，粒子不断地产生和湮灭。在这种高温、高密度的等离子体环境中，物质和反物质也处在热平衡反应过程之中，总量应该是相等的（见图 6-8）。然而，我们现在的宇宙中几乎没有反物质。这些反物质都去哪儿了？

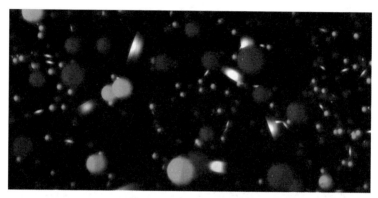

图 6-8　早期宇宙中的物质和反物质。图片来源：美国布鲁克海文国家实验室

6.3.1　重子产生机制

核物理学家安德烈·萨哈罗夫（Andrei Sakharov）认真地研究了这个问题。他指出，要产生这样的正物质宇宙，物理理论和宇宙演化过程必须满足"萨哈罗夫三条件"，如下所述。

1. 重子数不守恒。物质的重子数为 1，反物质的重子数为 −1。重子数不守恒通俗地说就是：反应前后物质和反物质的数量有所不同。

2. 电荷（C）和电荷 - 宇称（CP）对称性破缺。将上述重子
   数不守恒的反应过程中的正粒子换成反粒子，反粒子过程
   的反应速率和正粒子过程并不完全相同。只有这样，粒子
   和反粒子的产生数目才有可能不相等，也才有可能导致重
   子数与反重子数不对称。

3. 热平衡状态偏离。参与上述不守恒过程的粒子在宇宙的早
   期脱离热平衡状态。倘若宇宙处于热平衡状态，所有粒子
   都在不停地产生、湮灭，重子数的平均值将保持为零。

粒子物理的标准模型建立起来之后，人们逐渐认识到这 3 个
条件是可以满足的。在标准模型中，重子数和轻子数的破缺是一个
和温度有关的效应。在绝对零度下，破缺重子数要越过一个无限高
的势垒。因此，重子数和轻子数是守恒量。但在温度很高的宇宙早
期，隧穿势垒变小，重子数破缺就比较容易实现了。

在重子产生模型中，对热平衡状态的偏离需要一些特殊的机
制，比如宇宙电弱相变。相变可以理解成宇宙从一种热平衡状态
（也就是相）变成另外一种热平衡状态。在相变过程中，热平衡状
态是被破坏的。宇宙电弱相变指的是宇宙从完全电弱对称的相转变
为电弱对称性破缺相的过程。

在标准模型中，C 宇称和 CP 联合宇称对称性也是破缺的。
CP 对称性的破缺是由于夸克相互作用基底是夸克质量本征态的混
合，用 Cabibbo-Kobayashi-Maskawa（3 位物理学家的姓氏，简称

为 CKM）矩阵来描述。CKM 矩阵中有一个叫 CP 相角的物理量，它决定了 CP 对称性的破缺程度。但实验发现，CP 对称性的破缺程度比较小，不足以产生现在的物质世界。为了解决这个麻烦，我们需要借助另外一种粒子——中微子。

6.3.2　轻子产生机制

中微子的质量非常轻，所以我们还未能准确地测量中微子的质量。此外，3 种中微子在传播过程中还会相互转化，这叫作**中微子振荡**（见图 6-9）。中微子有两种量子态：一种负责参与相互作用（相互作用本征态），另一种负责在空间中"奔跑"和传播（质量本征态）。中微子振荡现象的产生原因是两种量子态并不一致，相互作用本征态是质量本征态的混合叠加，反之亦然。量子态的混合叠加有点儿像颜色的调配，红、绿、蓝这 3 种原色的比例发生变化，就会调配出各种颜色。量子态的混合也是如此，电子中微子、μ 中

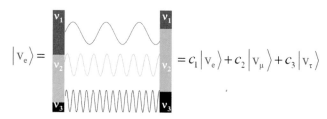

$$\left| v_e \right\rangle = \quad = c_1 \left| v_e \right\rangle + c_2 \left| v_\mu \right\rangle + c_3 \left| v_\tau \right\rangle$$

图 6-9　中微子振荡示意图。图片来源：中国科学院高能物理研究所网站

微子和 τ 中微子都有各自特殊的配方比例。一旦这个配方比例发生改变，中微子的种类也会发生改变。

我们以太阳中微子为例来说明中微子振荡。太阳内部时时刻刻都在发生核反应。太阳是非常强的中微子源。事实上，地球上一个指甲盖大小的地方每秒都有上千亿的中微子穿过。太阳发射的中微子是反电子中微子，它由一定比例的 3 种质量本征态混合叠加而成。反电子中微子从太阳内部跑出来后，3 种质量本征态就开始了太阳系内的空间旅行。我们知道，物体的质量越大，惯性也越大，相同动量时跑得也越慢。8 分钟后，质量最轻的一种中微子首先到达地球，质量重的也陆续到达地球。中微子原有的配方比例已经发生改变。这时候你去测量它们的量子态，就能探测到反电子中微子、反 μ 中微子和反 τ 中微子。

相互作用本征态和质量本征态相互转化的"配方"，由一个 3×3 矩阵来描述。这个矩阵的变量有 3 个混合角和 3 个相位角，其中相位角在反物质消失之谜中扮演重要的角色。

通过轻子数不对称导致重子数不对称的轻子产生机制最近十几年来受到了越来越多的关注。在标准模型中，重子数与轻子数都是破缺的，但二者之差是守恒的。这样重子数破缺就和轻子数破缺紧密联系在一起，"一损俱损，一荣俱荣"。当然，轻子数不对称的产生机制同样需要类似"萨哈罗夫三条件"：轻子数破缺、轻子部分的电荷和电荷－宇称破缺以及宇宙处在非平衡态。因为轻子数破缺所需的 CP 相角更大，数值虽然没有得到精确测量，但存在 CP 破缺的较大可能性，所以这一机制受到了越来越多的关注。轻子产生机制能否成功，主要取决于 CP 相角是否足够大，这一相角的测量也至关重要。

关于 CP 相角的测量，最新的进展来自日本的超级神冈探测器的 T2K 实验（图 6-10 展示了科学家检测探测器的光电倍增管的场景）。这个探测器的设计初衷是寻找大统一模型预言的质子衰变。虽然一直没有找到质子衰变证据，但它在中微子物理方面的研究仍取得了卓越的成就，比如它发现了超新星 SN 1987A 的中微子和中微子的某些振荡模式。

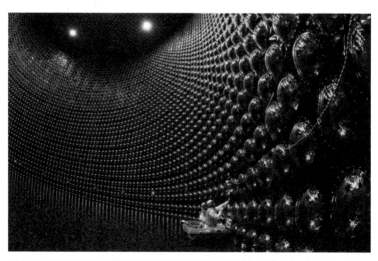

图 6-10　科学家坐着小船检测超级神冈探测器的光电倍增管。图片来源：超级神冈实验合作组

T2K 实验利用日本质子加速器研究中心（J-PARC）的加速器产生的 μ 中微子和反 μ 中微子束流，研究这些粒子和反粒子在经过 300 千米的旅程后转化成的电子中微子和反电子中微子。

2020 年 4 月，《自然》杂志报道了 T2K 实验关于中微子 CP 破缺的最新测量结果。如果 CP 守恒，那么 T2K 实验将探测到大约 68 个电子中微子和 20 个反电子中微子。但实验实际探测到了 90 个电子中微子和 15 个反电子中微子。这个结果说明中微子比反中微子具有更高的振荡概率，中微子的 CP 是破缺的。如果这个结果正确，那么其意义将是非常深远的，因为它将解答为什么我们生活在一个正物质宇宙中。然而，需要指出的是，这个结果目前的置信度还不够高，只有大约 3 倍标准偏差（粒子物理领域的标准是，测量结果需要达到 5 倍标准偏差才能被认定为"观测事实"）。因此，要确凿无疑地确认中微子振荡过程中存在 CP 破缺现象，我们还需要更多的数据。

总之，重子产生机制因为 CP 相角太小而难以解释反物质消失之谜。科学家把目光转向了轻子产生机制。轻子产生机制的 CP 相角大小是这一机制能否成功的关键。T2K 实验初步测量到轻子 CP 相角的大小，有望最终揭开反物质消失之谜。

第 7 章

恒星的一生

恒星是一种由引力凝聚在一起的球形发光等离子体。大家深夜看到的点点繁星（见图 7-1），是距离我们较近的恒星。距离我们最近的恒星是太阳，它每时每刻都在燃烧自己，将光与热洒向人间。古代的天文学家每天都会记录星空，他们发现这些星星长久以来似乎没什么变化，所以称这些星星为"恒星"。当然，他们偶尔也会发现一些非常突然的天文现象，比如某颗星会突然出现，在夜空中闪耀一段时间后又慢慢暗淡。古人并不明白具体原因，只是笼统地称这种星为"客星"。

图 7-1　寂静的夜空，恒星闪烁。图片来源：维基百科

　　恒星是怎么产生的？它不停地发光发热，能量来自哪里？它是否会死亡？如果会，那么恒星死亡后会变成什么？这些就是本章要讨论的问题——通过讨论恒星演化，深入介绍各种类型的天体及宇宙中各类化学元素的起源。

7.1　恒星的能源

　　太阳的能量来自哪里呢？这个问题曾长期困扰我们。不停燃烧的太阳会不会有一天燃尽熄灭？如果会，那么它发生在什么时候？大家最初认为太阳的能量来自其外围的物质在引力的作用下往中心

"掉"后释放出的引力势。但引力势会在几千万年内耗尽，无法长时间地提供能源。这个谜题的破解，需要等到爱因斯坦发现质能关系。

太阳是一个由氢和氦组成的大质量气态星球，外围的物质在自身引力的作用下有向中心收缩的趋势。如果没有对抗这种收缩的物理机制，那么太阳会很快收缩成一个"小球"。但太阳并没有收缩成"小球"，而是每天发光发热。是什么神秘力量在对抗引力收缩呢？

1920 年，爱丁顿提出，恒星的能源来自氢到氦的核聚变过程（见图 7-2），而更重的重元素也可能是在恒星内部的核反应过程中合成的。核聚变是指两个较轻的原子核在一定条件下（通常是超高温和高压）碰撞到一起发生聚合作用生成一个新的、更重的原子核的过程。这一过程反应前后的质量亏损较核裂变更大，释放出的能量也更多。氢弹就是利用核聚变反应制造而成的。相比原子弹，氢弹具有更大的能量和更强的破坏力。可控核聚变释放的能量巨大，而且不产生核废料，是理想的绿色能源。但核聚变产生的粒子温度极高，人类目前还无法使核聚变长时间可控地释放能量。科学家正在努力研究，我们也期待可控核聚变能早日造福人类。

太阳中的氢原子核通过一系列的核聚变反应变成氦原子核，并且释放大量的能量和中微子等粒子。太阳核心的物质可以被加热到 1500 万开尔文，并通过对流和辐射等方式把热能传输出来。热能的传输使恒星温度由内而外逐渐降低，到恒星的表面时，温度已下降到 5800 开尔文左右。这一温度对应的发光体，辐射主要集中在可见光波段，所以我们看到的太阳才会又白又亮。

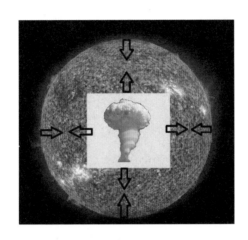

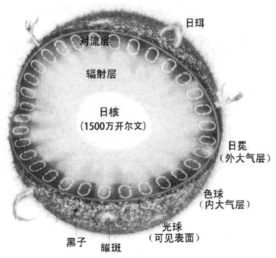

图 7-2 上图：恒星中心的核聚变反应是恒星能量的来源，也是对抗引力收缩的物理机制。
下图：太阳的剖面结构。图片来源：NASA

7.2　恒星的形成

由于宇宙早期阶段密度较高，物质开始逐渐聚集形成暗物质和氢、氦等原始物质。约在宇宙诞生的 400 万年后，氢原子开始结合成分子，进一步形成分子云。由于重力作用，分子云开始逐渐坍缩。分子云坍缩到足够高的密度时，温度会升高，并开始在中心区域形成恒星。恒星形成的过程中，云中的气体不断向中心区域流动，形成一个旋转的盘状结构。这个盘状结构被称为**原恒星盘**。

恒星的形成和演化过程（见图 7-3）非常复杂。我们会在本节关于恒星演化过程的讲述中讨论各种天体和化学元素的起源。

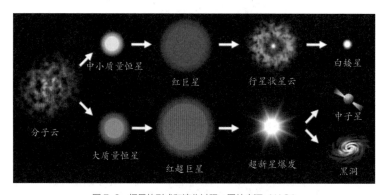

图 7-3　恒星的形成和演化过程。图片来源：NASA

一般认为，恒星形成于分子云内。顾名思义，分子云就是由各种分子组成的星云，它的主要成分是氢分子，除此之外，还有一氧化碳、甲烷等分子。分子云内部散布着纤维状、团块状、稠密核等常见结构，质量分布并不均匀。天文观测发现，年轻的恒星分布在分子云内或者分子云附近，也就是说，分子云是孕育新恒星的场所。银河系同样分布着很多分子云，如图 7-4 所示的猎户座分子云。

图 7-4　猎户座分子云——恒星形成的场所。图片来源：NASA/ESA

　　恒星的形成始于分子云内的稠密核。稠密核的密度和质量都显著大于周围的区域，是引力的中心。分子云内的物质在引力的作用下，不断地被吸引到稠密核上。滚雪球一样质量不断变大的稠密核自身的引力收缩效应越来越强烈，开始不断收缩。最终，稠密核和周围的分子云环境分裂，形成恒星胚胎。恒星胚胎的质量约为太阳质量的 1/100，半径却比太阳半径大得多。

　　恒星胚胎继续吸收周围的物质，内部的温度也进一步升高。温度高于 2000 开尔文时，氢分子就离解了。温度高到气体的压强可以与引力相平衡时，恒星胚胎停止坍缩，进入流体静力学平衡状态。此时的恒星被称为**原恒星**。在原恒星的强大引力下，分子云的物质继续被吸引过来，在原恒星周围形成星周盘。星云物质包围着星周盘，呈壳层结构。壳层内的物质先掉入星周盘，再落到原恒星上。

　　随着原恒星的进一步演化，周围壳层结构内的物质被吸积殆尽。星周盘无法继续获得物质，它内部的尘埃物质也结合成团块结构。这些团块结构是行星等结构进一步形成的材料（见图 7-5，位于金牛座 HL 的原行星盘）。质量较大的原恒星在自身引力作用下继续收缩，最终点燃恒星内的核反应，一颗恒星就正式诞生啦！图 7-6 为大麦哲伦云的 LH95 恒星形成区域。

图 7-5　阿塔卡马大型毫米波 / 亚毫米波阵列首次观察到位于金牛座 HL 的原行星盘。图片
　　　　来源：Ralph Bennett-ALMA (ESO/NAOJ/NRAO)

图 7-6　大麦哲伦云的 LH95 恒星形成区域。图片来源：ESA

7.3　恒星的演化

恒星和生命一样也会经历出生和死亡，恒星的演化史其实就是与引力收缩的对抗史。恒星的寿命和恒星的质量是密切相关的——恒星质量越大，寿命越短，反之则越长。太阳的寿命大约是 100 亿年，而 60 倍太阳质量的恒星，寿命就短得多，只有 300 万年。0.1 倍太阳质量的恒星，寿命长达 10 万亿年，远远长于宇宙 138 亿年的年龄。

7.3.1　预备知识：费米子与简并压

我们先讲一下大量粒子聚集在一起时的统计性质。粒子的统计性质可以被简单比喻为很多粒子集合起来时的"站队"次序。自然界中的粒子有两种"站队"形式，分别是费米－狄拉克统计和玻色－爱因斯坦统计。我们称遵从费米－狄拉克统计的粒子为**费米子**，并称遵从玻色－爱因斯坦统计的粒子为**玻色子**。

我们先说一下费米子。费米子的特点是"不合群"，一个费米子占了一个位置或者状态以后，其他费米子就不能再来"占据"了。我们以自然界中的老虎为例描述一下费米子的这种统计行为。大多数时候，老虎在自然界是独立生活的。一只老虎占领了一片山头后，就不允许别的老虎再来了。费米子也有这种"霸道"的特性，物理学家称之为**泡利不相容原理**。费米子之间的这种"一山难容二虎"的性质，会产生一种排斥力，我们称之为**简并压**。任何费米子都可以产生简并压，电子的叫**电子简并压**，中子的叫**中子简并压**。费米子的简并压是一些天体对抗引力收缩，维持天体"体形"不崩塌的原因。

和费米子相比，玻色子就"和善"多了。玻色子的特点是一个粒子占据一个状态后，并不排斥其他粒子再来"占据"同样的状态。在低温情况下，这种特点会造成玻色子凝聚到一起，形成玻色－爱因斯坦凝聚。我们以方阵队列为例来说明这个问题，假设每个士兵都是一个玻色子，每一排就是一个状态。一个士兵占据某一排之后，并不排斥其他士兵来到这一排共同组成一个队列。

某种粒子是费米子还是玻色子？这要涉及一个叫**自旋**的粒子属性。每种粒子都有一种叫**自旋量子数**的性质。比如电子、质子和中子的自旋量子数是 1/2，光子的自旋量子数是 1。自旋量子数是整数的粒子都是玻色子，自旋量子数为半整数的都是费米子。

7.3.2　中小质量恒星的演化

恒星对抗引力收缩必须由核聚变源源不断地提供能量。但若恒星核心的氢元素"燃烧"完，恒星核心就变成了一个氦核。由于核心的氢核聚变停止，氦核在引力的作用下向内收缩。收缩过程中，引力势能转化成热能，核心区温度升高。温度升高到 1000 万摄氏度时，核心外围氢元素的核聚变反应再次被点燃。更外层的恒星物质受热膨胀，恒星体积急速增大 1000 倍以上，形成红巨星。图 7-7 为一颗红巨星的想象图。

图 7-7　一颗红巨星的想象图。图片来源：NASA

恒星的外部壳层继续燃烧，氦核继续收缩，核心温度不断升高。氦核温度达到 1 亿摄氏度时，核燃烧产生碳的核聚变反应被点燃。氦核和壳层氢核的燃烧使恒星外层持续膨胀，体积不断增大，

表面温度也随之下降到 3000 ~ 4000 摄氏度。核心持续收缩，最终
会与外层物质完全分开。恒星的外层继续扩张，通过质量抛射形成
行星状星云，如图 7-8 所示的猫眼星云。

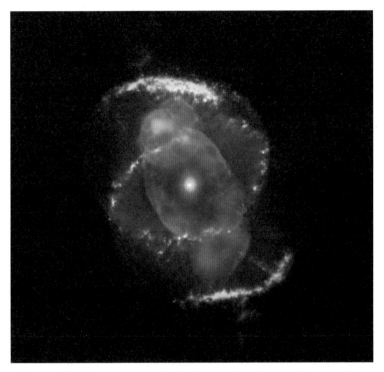

图 7-8　猫眼星云—— 一颗与太阳质量相当的恒星死亡形成的行星状星云。图片来源：
HST's Greatest Hits

　　而在恒星内部，由于辐射压减小，核心部分无力抵抗引力收
缩，物质向中心坍缩，密度也急剧增大，最终形成一种依靠电子
简并压抵抗引力收缩的新天体——白矮星。白矮星发光微弱，所

以被称为"矮星"。白矮星释放完全部热量后，会变成一颗冰冷的黑矮星，太阳的宿命就是如此。电子简并压能够对抗的引力收缩有一个上限。超过这个质量，天体就会继续坍缩下去，变成中子星或黑洞。这个质量极限叫作**钱德拉塞卡极限**，大小为太阳质量的 1.44 倍。

7.3.3　大质量恒星的演化

质量特别大的恒星（大于 8 倍太阳质量）在进入氦燃烧阶段后，会形成更巨大的红超巨星。红超巨星的表面温度低，但半径是太阳的 200~800 倍，甚至超过日地距离。红超巨星是宇宙中名副其实的"大个头"。

红超巨星核心的核反应对于铁以下元素的形成至关重要。在氦燃烧之后，恒星内部逐次启动碳燃烧、氖燃烧、氧燃烧和硅燃烧，最终形成铁核。很多红超巨星的质量足够大，能够保证其核心的核反应不断发生并最终形成铁核。虽然红超巨星内部的核反应非常复杂，但它寿命很短暂，只有数十万至数百万年。越接近生命末期，红超巨星内部的核反应产生的元素越重，也越接近核心。最终，红超巨星会形成一个由外到内元素由轻到重的洋葱型结构分布，见图 7-9。这个过程叫作**恒星核合成**，生命活动最重要的元素——碳、氮、氧——都是在恒星核合成过程中形成的。

图 7-9　红超巨星的洋葱型结构分布。图片来源：维基百科

　　恒星核合成到铁元素就终止了，因为后续的过程会消耗能量。这时，如果红超巨星核心的质量超过钱德拉塞卡极限，那么电子简并压将无法对抗引力收缩。核心向内塌陷，形成中子星或黑洞。

　　红超巨星核心的塌陷过程会释放巨大的能量，形成超新星爆发。超新星爆发释放的能量和太阳一生辐射的总能量相当，会瞬间照亮整个星系，并持续数周、数月甚至数年。超新星爆发过程抛射出去的物质具有极高的能量，会变成宇宙线。

　　超新星爆发释放出巨大的能量，可以把物质加热到比恒星核心还高的温度。如此高的温度创造出允许质量更大的元素形成的条件。在超新星爆发时合成重核元素的过程叫作**超新星核合成**，可以生成原子量高达 254 的元素。此外，超新星爆发过程会产生大量的中微子，这一点已经被超新星 SN 1987A 的观测结果所证实。

最后，我们总结一下不同质量的恒星的最终命运。小于 8 倍太阳质量的恒星，最终的命运是变成黑矮星；大于或等于 8 倍但小于 20 余倍（具体数值取决于爆发机制和最大中子星质量）太阳质量的恒星，最终会变成中子星；更大质量的恒星，最终会变成黑洞。

7.3.4 超新星爆发

人类曾多次观察到超新星，并将其记录在文献之中。文献记录最早的超新星是由东汉天文学家发现的 SN 185（超新星以 SN 加发现年份来编号）。《后汉书》记载："中平二年十月癸亥，客星出南门中，大如半筵，五色喜怒稍小，至后年六月消。"这颗超新星在夜空中闪耀了 8 个月才慢慢暗淡下去。

爆发于豺狼座的 SN 1006，可能是人类有史以来看到的视亮度最高的超新星。根据文献推测，这颗超新星的视亮度达到了 −9 等。也就是说，它比金星和夜空中最亮的恒星天狼星都要亮很多。甚至有报道猜测，当时的人们可以借助它的光芒在夜间读书。

比较知名的超新星还有 SN 1054，这颗超新星在很多古代文献中有记载。《宋史·天文志》记载："至和元年五月己丑，出天关东南可数寸，岁余稍没。"至和元年五月己丑也就是 1054 年 7 月 4 日。SN 1054 的遗迹现在仍能看到，它就是著名的蟹状星云（见图 7-10）。

图 7-10　超新星 SN 1054 的遗迹——蟹状星云。图片来源：NASA/ESA/ J. Hester and A. Loll

SN 1572 和 SN 1604 是银河系内最晚爆发的两颗超新星。SN 1572 又叫第谷超新星，由丹麦天文学家第谷·布拉赫（Tycho Brahe）发现并记载。这颗超新星最亮时的视亮度有 −4 等，与金星的亮度差不多。SN 1604 又叫开普勒超新星，位于蛇夫座，它的遗迹见图 7-11。

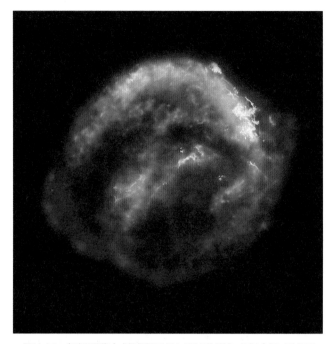

图 7-11 多波段影像合成的超新星 SN 1604 的遗迹。图片来源：NASA/ESA/JHU/R. Sankrit and W. Blair

7.4 宇宙中的灯塔——中子星

最早提出中子星这一概念的是物理学家列夫·朗道（Lev Landau）。他在中子被发现后不久就提出，即使质量超过钱德拉塞卡极限，恒星也不会一直收缩下去，因为电子会在巨大的压力下进入原子核内部并和质子反应形成中子。中子是费米子，也有对抗引力收缩的简并压。不过朗道并没有就这一想法发表论文。1934 年，茨维基（暗物质概念的提出者）与威尔逊山天文台的天文学家威廉·巴德（Wilhelm Baade）发表论文，正式提出中子星这一概念。

中子星的主要成分是中子，其显著特征是密度极大，和原子核的密度差不多。中子星的直径为几千米到几十千米，质量却是太阳的一点几到两点几倍。一块橡皮大小的中子星，质量高达数亿吨！

中子星的另外一个显著特征是强磁场和快速自转（见图 7-12）。中子星磁场很强，而且在高速地自转，旋转轴和磁轴并不重合。这其实并不奇怪，地球的自转轴和磁轴也不重合。磁场中高速运动的电子，会通过同步向外界辐射锥形射电辐射束。射电辐射束随着中子星的自转，会按照一定的频率周期性地扫过宇宙中的固定区域。如果扫过的区域刚好包括地球，我们就能收到电磁脉冲信号。

我们把这类具有射电脉冲辐射的天体称作**脉冲星**。脉冲星不断地向外辐射能量，转速会逐渐放慢，不过这个变化过程非常缓慢。射电脉冲星的周期性脉冲辐射的精确度非常高，甚至能够超过原子钟，可以用来校准时间。中子星的这种现象和为轮船指示方位的灯塔非常像，所以中子星也被称作"宇宙中的灯塔"。有科学家提出，X 射线脉冲星可以为深空探测和星际旅行的航天器提供位置、时间和姿态等导航信息。

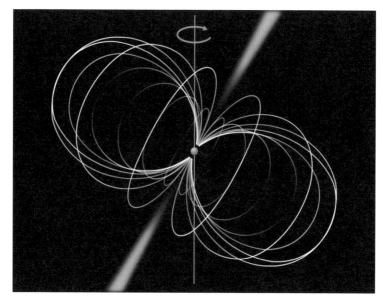

图 7-12　中子星的自转与射电脉冲辐射。图片来源：维基百科

　　脉冲星是中子星的一种，但并不是所有的中子星都有射电脉冲辐射。如果中子星的自转周期较长（老年中子星便会如此）或者磁场较弱，我们就观测不到中子星的射电脉冲信号了。

　　中子星可以和其他天体形成双星系统，当然，两颗中子星也可以形成双星系统。两颗中子星在互相绕转时，会不断地向外辐射引力波。随着系统总能量的减小，两颗中子星越来越近。最终，这两颗中子星撞到一起，形成质量更大的中子星或黑洞。这也许是宇宙中最惊心动魄的一种场景了。碰撞可以在极短时间内抛射出巨大的能量，形成短伽马射线暴。碰撞抛射出的物质通过快中子俘获过程产生大量的重核元素。由于这些重核元素并不稳定，因此会继续衰变，产生可见光波段和近红外波段的辐射。这一过程会产生亮度达新星 1000 倍的爆发，所以也被称为**千新星**。千新星是核子数大于铁的元素的来源之一，而且是非常重要的来源。需要指出的是，"千新星"这一概念最早是由李立新（现为北京大学教授）和玻丹·帕琴斯基（Bohdan Paczynski）提出的。

中子星碰撞产生的引力波和短伽马射线暴都已经被天文学家成功观测。2017 年 10 月 16 日，LIGO 与 Virgo 团队联合宣布第一次同时探测到引力波（GW170817）信号。双中子星并合过程产生的千新星的电磁波信号也随后被观测到。图 7-13 为两颗中子星并合的想象图。

图 7-13　两颗中子星并合的想象图。图片来源：NASA/Swift/Dana Berry

　　最后我们来简单回顾一下脉冲星的发现。第一个发现脉冲星的是英国女科学家乔斯琳·贝尔·伯内尔（Jocelyn Bell Burnell，见图 7-14）。20 世纪 60 年代，安东尼·休伊什（Antony Hewish）设计了一台大型射电望远镜，用以研究类星体。1967 年，休伊什的研究生伯内尔在检查射电望远镜收到的信号时无意中发现了周期非常稳定的脉冲信号。最开始她以为这是外星人发来的信号，但后来又陆续发现了另外 3 个射电脉冲信号。其他科学家也陆续在其他天区发现了许多射电脉冲信号。如此多的同类型信号，肯定是天体物理过程产生的，和外星人没有关系。最终，科学界确认伯内尔发现的是脉冲星。安东尼·休伊什因脉冲星的发现荣获 1974 年的诺贝尔物理学奖。非常遗憾的是，伯内尔并未获奖。

图 7-14　脉冲星的发现者——乔斯琳·贝尔·伯内尔。图片来源：Astronomical Institute, Academy of Sciences of the Czech Republic

7.5　黑洞

如果中子简并压不足以对抗引力收缩，那么该天体会不可逆转地坍缩成黑洞。其实黑洞的概念很早就被提出来了。1783 年，英国剑桥大学的约翰·米歇尔（John Michell）发表论文并指出，如果一个天体的密度足够大且半径足够小，那么它的引力可以强到连光都无法逃逸。同时代的皮埃尔－西蒙·拉普拉斯（Pierre-Simon Laplace）也曾经提出类似的想法。

为便于读者理解，我们在牛顿引力的框架下解释黑洞。因引力的影响，我们扔出去的物体会落到地面上。随着该物体的速度越来越大，其落地的距离也越来越远。如果出射速度足够大，这个物体就会变成地球的卫星（见图 7-15）。这个刚好能使物体绕地球做圆周运动的速度即为**第一宇宙速度**，大小约为 7.9 千米 / 秒。当出射速度进一步增大时，物体环绕地球运动的轨道半径也会进一步增大。当速度达到约 11.2 千米 / 秒时，该物体就可以脱离地球的引力而翱翔于太阳系。我们把这一速度称为地球表面处的**逃逸速度**，也即**第二宇宙速度**。

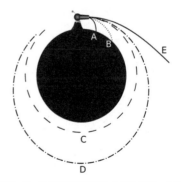

图 7-15　飞行器发射速度与轨道的关系。轨道 C 对应第一宇宙速度，轨道 E 对应第二宇宙速度。图片来源：维基百科

逃逸速度与天体的质量和半径紧密相关。质量越大、半径越小，逃逸速度越大，反之则越小。逃逸速度达到光速时，任何物质（包括光子本身）都无法从中逃逸。我们无法看到这样的天体，故称其为**黑洞**。如果地球的半径能缩小到毫米量级，那么地球也会变成一个黑洞。

这里有个重要的概念——视界，它可以被看作黑洞的边界。一旦进入视界，任何物质（包括光子）都无法逃脱出来。黑洞的质量理论上可大可小，跨度非常大。最大的是超大质量黑洞，可达太阳质量的 100 亿倍。质量最小的黑洞可以非常小，小到普朗克能标的大小，约为 1/100 000 克。

黑洞最著名的性质是**黑洞无毛定理**和**霍金辐射**。黑洞无毛定理由史蒂芬·霍金、布兰登·卡特（Brandon Carter）等人严格证明。它的具体内涵是：无论什么样的黑洞，其最终性质仅由几个物理量（质量、角动量、电荷）唯一确定。也就是说，落入黑洞的物体所携带的信息，最终保留下来的只有质量、角动量和电荷。其他信息都去哪里了？这就是著名的**黑洞信息悖论**。这是一个悬而未决的难题，现在还没有一个很好的解释。

霍金辐射就更著名了。霍金指出，由于量子效应，黑洞并不完全是"黑"的，它有温度非常低的热辐射。因为不断地向外辐射能量，黑洞的质量会逐渐减小，直至彻底蒸发。霍金辐射的规律是，黑洞质量越小，辐射越显著，黑洞的寿命也越短；反之则辐射越微弱，黑洞的寿命越长。黑洞霍金辐射的温度非常低，现有的天文学仪器尚难以直接测量这个效应。

通过霍金辐射"看到"黑洞，现阶段还不切实际。科学家只能退而求其次，想办法看到黑洞外围的物质。黑洞强大的引力会将附近的物质拉向自己，在其周围形成一个盘状结构，叫作**吸积盘**。图7-16 是黑洞与吸积盘的结构想象图。吸积盘中的物质会通过复杂的过程释放引力势，进而加热其中的气体。温度极高的气体会向外辐射电磁波。通过探测这些射电信号，我们就能间接地"看到"黑洞啦！

图 7-16　黑洞与吸积盘的结构想象图。图片来源：NASA/JPL-Caltech

事件视界望远镜（Event Horizon Telescope，EHT）合作团队就是以此为目标组织起来的全球射电望远镜联网观测团队。该团队以甚长基线干涉技术结合世界各地的射电望远镜，组成一个等效口径与地球的直径相当的望远镜阵列。这个联网观测系统具有极高的角分辨率，足以观测黑洞视界尺度的吸积盘结构。

2019 年 4 月 10 日，事件视界望远镜合作团队发布了第一张黑洞照片（见图 7-17）。这是位于 M87 中心的超大质量黑洞。外围的环就是吸积盘的影像，阴影的大小约是黑洞视界的 3 倍。我国的射电望远镜也参与了事件视界望远镜的联合观测，为拍下黑洞的第一张照片做出了自己的贡献。

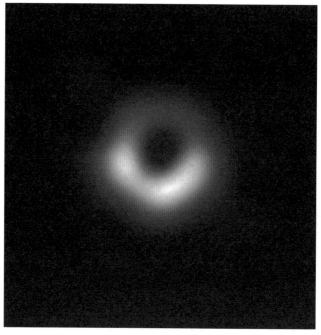

图 7-17　事件视界望远镜拍摄的黑洞照片。图片来源：事件视界望远镜合作团队

第 8 章

星系的故事

　　星系是由恒星、星际物质、暗物质等组成的分布在宇宙空间中的天体结构，通常包含几百亿到上千亿颗恒星。星系是我们通过天文望远镜观察到的最常见的一种结构，它的形状、大小和组成成分也各不相同。图 8-1 是哈勃空间望远镜拍摄的深空照片，其中包含超过 5000 个星系。

　　恒星是星系的主要组成部分，它们的数量和种类决定了星系的性质和演化过程。恒星之间的引力相互作用决定了星系的形状和结构，同时，恒星通过释放能量和物质，如太阳风和超新星爆发，对星系的演化产生影响。星系中的星际物质和暗物质也起着重要作用，它们会影响星系的引力场和结构。

图 8-1　哈勃空间望远镜拍摄的深空照片，图中包含超过 5000 个星系。图片来源：NASA

　　宇宙中的星系通常是以群或团的形式出现的。星系团是由数百个或数千个星系组成的集合，而星系群则通常由数十个到数百个星系组成。星系团和星系群中的星系之间通过引力相互作用，形成稳定的结构，共同演化和旋转。

8.1　星系的分类

　　天文上有很多种星系分类法，其中最常用的是基于形态的分类法。在这种分类法中，星系被分为 3 类：椭圆星系、旋涡星系和不规则星系。

椭圆星系（见图 8-2）呈椭圆形或椭球形，没有明显的盘状或旋臂结构。椭圆星系中的恒星轨道是高度随机的，没有明显的绕中心旋转的轨道，所以也没有旋涡结构。它的星际物质含量少，年轻的恒星很少，以年老恒星为主，有点儿像是恒星的"敬老院"。

图 8-2　位于后发星系团边缘的巨大椭圆星系 NGC 4881（左上侧）。图片来源：ESA/NASA

椭圆星系的中心区域亮度很高，通常包含多个球状星团。椭圆星系形成于较早期的宇宙，由于其中的恒星年龄普遍较大，颜色较红，也常被称为**红星系**。椭圆星系是宇宙中常见的一类星系，它们通常被发现在星系团中心附近。很多椭圆星系可能是盘状星系（尤其是螺旋星系）并合而成的。

旋涡星系（见图 8-3）是最常见的一种星系，有明显的核心和漂亮的旋臂，整体呈旋涡结构。旋涡星系的恒星以绕心旋转运动为主，只有很少的做不规则运动。旋涡星系中心的核心区域多由年老的恒星组成，旋臂上的恒星多较年轻，所以旋臂明亮而美丽。一般认为，旋涡星系的核球内中心位置有一个超大质量黑洞，它对星系的演化有非常重要的影响。此外还有一类特殊的旋涡星系——棒旋星系，它的核心为棒状，旋臂从棒的两端生出。我们的银河系就是这样的星系。

图 8-3　典型的旋涡星系——风车星系 NGC 5457。图片来源：ESA/NASA

　　不规则星系约占星系总量的 1/4，它不呈旋涡或椭圆形，没有明显的对称性或几何结构。不规则星系以前可能是螺旋星系或椭圆星系，但因不均匀的外部引力而变形。不规则星系通常很小，质量约为银河系的 1/10，含有大量的气体和尘埃。典型的不规则星系见图 8-4。

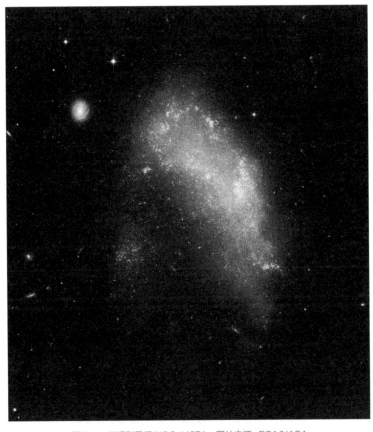

图 8-4　不规则星系 NGC 1427A。图片来源：ESA/NASA

8.2　星系的形成与演化

　　关于星系的形成，我们还没有明确的、公认的理论，这仍然是天体物理学的前沿热点研究领域。基于近年来对暗物质在早期宇宙中的作用的研究，科学家普遍认同"自下而上"模型。该模型认为物质（包含暗物质和普通物质）先形成被称为"晕"的小结构，"晕"中的气体冷却形成盘状星系。然后，这些"晕"和其中的盘状星系互相并合形成新的星系。这一模型也被称作**层次模型**（见图 8-5）。这一模型预言，宇宙中的小质量星系的数量比大质量星系多。而观测发现，宇宙早期的星系比今天的数量更多，但更小、更蓝、更成团。这说明星系并合在它们的演化过程中发挥了重要作用。

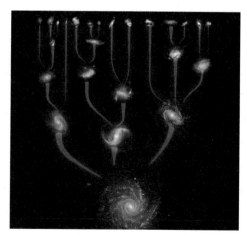

图 8-5　基于层次模型的星系形成示意图。图片来源：ESO/L. Calçada

星系的形成是一个非常复杂的过程，星系需要经过数十亿年的演化才能成为我们今天所看到的样子。星系形成的起源可以追溯到大爆炸时期。在宇宙诞生的瞬间，暴胀结束后的量子涨落造成物质分布最初的不均匀性。这是所有物质微小涨落的最初宇宙状态。

随着宇宙膨胀和物质之间的相互作用，密度较高的区域因引力作用"吸引"周边的物质，质量变得更大，而暗物质由于没有抵抗这种收缩的"阻力"，更早形成高密度区，也就是"晕"状团块。在这些团块中，普通物质向内收缩形成较小的结构，然后并合成较大的结构，就像乐高积木一个接一个地拼在一起，形成一个更大的天体结构。物质坍缩最先形成的天体大小约为矮星系或球状星团的尺度，这也解释了为什么球状星团是银河系和大多数其他星系中最古老的天体。

星系有生，就有死亡。星系内的恒星一批批地不断产生，星系就"生机勃勃"。但如果恒星停止形成，我们就认为星系已经死亡，天文学家称之为**息产**（quenching）。息产并不意味着星系内的恒星也"同归于尽"，仅是不再有新恒星诞生了。

事实上，宇宙中很多年老的星系确实已经息产了。星系的年龄通常可以用它的颜色来区分。偏蓝色的星系是比较年轻的星系，内含很多大质量恒星。大质量恒星的寿命较短，会很快死亡而形成分子云。这些分子云又是新恒星的孕育之地。而偏红色的星系，内含大量发红光的小质量恒星。这些小质量恒星的寿命很长，死亡后也不形成分子云，这些星系的"新陈代谢"也就终止了。年轻与年老的星系见图 8-6。我们的银河系是一个生机勃勃的星系。我们在可见的未来，还无须为它的息产而担心。

图 8-6　上图为年轻的星系 M100，蓝色的旋臂暗示它的"勃勃生机"。下图为年老的星系 M87。
图片来源：NASA/Hubble/ESO

星系形成后，许多星系聚集在一起形成星系团，就像我们自己的本星系团。然后这些星系团又"相聚"在一起，最终形成超星系团，也就是宇宙现在的样子。

总之，星系的形成与演化是非常复杂的过程，涉及许多物理学原理和天文学原理。尽管我们已经了解了很多，但还有很多问题需要慢慢解答。我们期待未来有更多的研究和观测结果能帮助我们进一步理解星系的起源和演化。

8.3　星系的"决斗"

我们这里说的星系"决斗"，指的是两个或更多个星系在引力的作用下碰撞、并合为一个更大星系的天文现象。这是宇宙中的普遍现象，目前尚有 1% ~ 2% 的星系还在并合过程中。图 8-7 展示的就是并合中的星系。对星系碰撞、并合现象的观察与研究可以帮助我们更好地理解星系的演化过程，以及星系之间的相互作用。

星系并合（尤其是原星系的并合）通常发生在星系比较密集、运动速度比较低的宇宙区域。如果相撞星系之间的相对速度很高，那么最终的结果往往是彼此擦肩而过，或者"穿透"对方后再次远离。

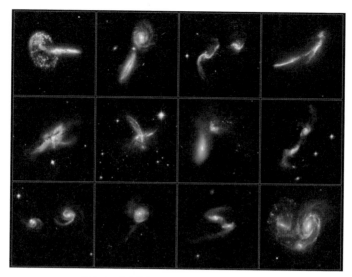

图 8-7　并合中的星系。图片来源：ESA/NASA

　　星系的"决斗"是一个非常漫长的过程，需要数亿到数十亿年才能完成，并合后形成的新星系需要更长的时间才能最终稳定下来。这一过程分为数个阶段：靠近阶段、碰撞阶段、引力反应阶段、并合阶段和平静阶段。在靠近阶段，星系相互靠近，相对速度从每秒数百千米到数千千米不等。在碰撞阶段，两个星系的引力开始发挥作用，外形开始变化，物质交换发生。在引力反应阶段，星系的外观和内部结构发生剧烈变化，引力可能使其产生旋臂及短棒，具体会发生怎样的改变取决于它们原有的结构和相对速度。需要在这里指出的是，两个星系相互远离后可能会再次"相撞"，往复多次直至并合。如果两个星系速度太大，它们会"挥手告别"，永远分离。在并合阶段，由于两个星系的并合，星际气体被压缩，大量恒星形成星暴星系。恒星惊人的生成速率会迅速消耗星云中的氢，进而影响后续的恒星生成。所以，此类星系内的恒星寿命相近，年轻的恒星很少。最后一个阶段是平静阶段，星系逐渐平静下来，形成一个全新的、质量更大的星系。星系"决斗"的不同阶段，天文上都有相应的观测（见图 8-8）。

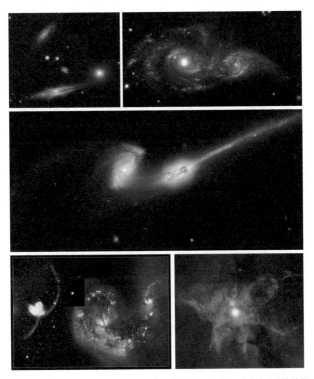

图 8-8　星系"决斗"的各阶段，分别是：靠近阶段（HCG 87，左上）、碰撞阶段（NGC 2207 和 IC 2163，右上）、引力反应阶段（双鼠星系，中）、并合阶段（触须星系，左下）、平静阶段（海星星系，右下）。图片来源：NASA

一个星系被另一个星系从中央穿透而过时，会产生由内而外、沿星系盘扩散的异常强烈的冲击波，它迫使气团压缩并引起剧烈的恒星形成过程。新形成的大质量恒星发出的光"勾勒"出绚丽的蓝色光环，如同一条蓝宝石项链高悬于宇宙空间（比如图 8-9 所示的著名的车轮星系）。

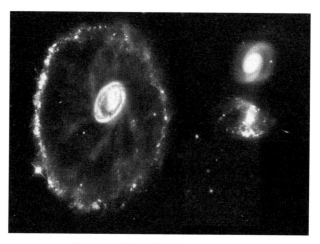

图 8-9　车轮星系。图片来源：NASA/ESA

星系之间的"决斗"是宇宙中常见的天文现象，我们所在的银河系在 40 亿年后也许会跟本星系群的"老大"——仙女星系——展开终极对决。科学家对这一过程做过很多模拟研究。模拟结果显示，两个星系并合后会逐步融合，最终会在约 70 亿年后形成一个稳定的巨型椭圆星系。这个巨型星系通常被命名为"Milkomeda"，也就是银河系（Milky Way）和仙女星系（Andromeda）的英文合称。图 8-10 展示的是地球视角下银河系和仙女星系的并合过程的想象图。这一过程想必波澜壮阔、精彩异常。星系碰撞或并合时，星系里的恒星一般不会碰撞，原因是恒星在星系内的分布非常松散，恒星的直接空间非常大。即使人类能够存活到银河系和仙女星系并合的那天（也许可能性不大），也无须为我们所栖身的太阳系担惊受怕。那时候的太阳已"行将就木"，我们也应该找到新的家园了。

图 8-10　地球视角下银河系和仙女星系的并合过程的想象图。图片来源：NASA/ESA/
Z. Levay and R. van der Marel, ST ScI; T. Hallas and A. Mellinger

通过观测星系并合，科学家也可以更好地理解星系结构和星系演化的过程，以及星系中恒星和气体的形成和演化；通过研究星系并合的频率和特征，科学家可以推断出宇宙中的暗物质分布和演化。总之，星系并合是宇宙中的普遍现象，可以帮助我们更好地了解宇宙的演化过程和星系之间相互作用的影响。相信随着观测技术和理论模型的不断发展，我们对这一现象会有更深入的了解。

第 9 章

宇宙的归宿

宋代诗人邵定在他的诗歌《吕望非熊》中曾写道："宇宙飘忽未有终，波涛汹涌愁拍空。"现在的宇宙将走向何处？是否也有一个终点？这两个问题其实已经涉及哲学层面，是科学家和哲学家都关心的问题。人生百年，思考这样深邃而空洞的问题，也许很好笑。可是人类之伟大，或许就在于此。

讨论宇宙的归宿，在以前可能是个哲学问题，现在却已然成为一个严肃的现代宇宙学研究课题。探索宇宙起源和宇宙最终命运需要考虑的因素包括星系的平均运动、宇宙的形状和结构，以及宇宙所包含的暗物质和暗能量的比重等。基于特定的宇宙模型，结合现有的观测证据，就能够比较准确地给出模型参数，进而预测宇宙的演化行为，并最终得知宇宙的命运。不同的科学假设已经预测了几种可能的未来（图 9-1 展示了膨胀宇宙的未来），我会在本章中介绍几种主流的宇宙终极命运观点。

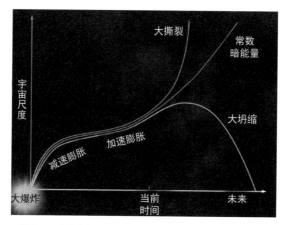

图 9-1　膨胀宇宙的未来。图片来源：NASA/CXC/M. Weiss

　　宇宙的命运主要取决于暗能量的性质和未来的演化行为。宇宙的归宿大体有如下几种可能性：大冻结（热寂说）、大坍缩、大撕裂、大反弹和循环宇宙。

9.1　大冻结

　　说到大冻结，就不得不先提一下历史上曾经风靡一时的热寂说。热寂说是基于热力学第二定律的宇宙宿命假说。

　　热力学第二定律有两种主流的表述方式，分别是克劳修斯表述和开尔文表述。1850 年，鲁道夫·克劳修斯（Rudolf Clausius）将热力学第二定律总结为："不可能把热量从低温物体传递到高温物体而不产生其他影响。"开尔文勋爵（Lord Kelvin）的表述为："不可能从单一热源吸收能量，使之完全变为有用功而不产生其他影响。"除了这两种表述方式，还有一些其他的表述方式，但这些表述方式本质上是等价的，感兴趣的读者可以阅读热力学相关书籍，此处不再赘述。1854 年，克劳修斯首次引入**熵**这一物理量，它的物理本质是系统的状态数取对数再乘以一个物理学常数，也就是说，它代表了系统的无序程度。系统的无序程度越高，状态数越大，熵也就越大（见图 9-2）。热力学第二定律利用熵这一概念的描述就变为：孤立系统自发地朝着热力学平衡方向，也就是最大熵的状态演化。这也是我们通常所说的**熵增原理**。熵增原理表述了物理学系统总是朝着无序方向发展，并在热平衡的时候达到最无序的状态。

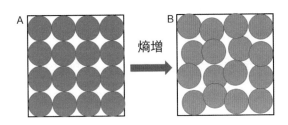

图 9-2　有序、无序与熵增。图片来源：Wikimedia

随着热力学第二定律建立，多位物理学家几乎同时提出了热寂说。开尔文勋爵在 1852 年推测整个宇宙将达到"永恒的静止和不可动摇的静止"的状态。赫尔曼·冯·亥姆霍兹（Hermann von Helmholtz）和威廉·兰金（William Rankine）认为热寂将是"所有物理事件的终结"。热寂说认为，宇宙作为一个"孤立"的系统，其熵会随着时间的推移逐渐增大。宇宙由有序向无序演化，宇宙的熵达到最大值时，宇宙中的其他有效能量已经全数转化为热能，所有物质的温度达到热平衡。在这样的宇宙中，再也没有任何可以维持运动或生命的能量存在。

当然，并不是所有科学家都信奉热寂说。最著名的反对意见来自著名物理学家路德维希·玻尔兹曼（Ludwig Boltzmann），他早在 1872 年就提出了涨落说，对热寂说予以反驳。玻尔兹曼认为，整个宇宙的熵若正好为最大值，这在概率学上同样为极低概率事件。整个宇宙的熵只是长期保持在一个比较大的状态内，按照一定的概率规律进行起伏的"涨落"变化，并不会把所有能量都变为热能。当然，这一学说也缺乏进一步的观测证据。

而且最初的热寂说并没有考虑宇宙的膨胀与演化。从前面的讨论可知，宇宙恰恰是从早期的热寂状态（热平衡态）逐渐演化形成现今的宇宙的。由此可见，热平衡态也未必带来宇宙的"死亡"。不过随着宇宙继续加速膨胀，热寂说又改头换面，以大冻结宇宙模型重新回到我们的视野中。大冻结宇宙模型可以被看作现代版的热寂说（见图 9-3）。在大冻结宇宙模型的宇宙图景中，随着宇宙的膨胀与演化，星系间距离扩大，并最终消失在彼此的视野之中。

图 9-3 热寂说的宇宙模型，横轴表示取对数的宇宙年龄。图片来源：维基百科

比如银河系和仙女星系并合之后，其他星系发出的光跑不过宇宙的膨胀而不可见，视野中仅存"银河仙女星系"。随着宇宙进一步膨胀，星系和恒星的形成逐渐减缓并完全停止。当时仍然存在的恒星在自身核燃料逐渐枯竭燃尽后，都将走向死亡。那时候的宇宙只剩下行星、小行星、褐矮星、白矮星、黑矮星、中子星、奇异星和黑洞等。有些褐矮星之间偶尔也会发生碰撞并形成新的红矮星。而这些红矮星就是宇宙最后的微光，直至熄灭。

宇宙会过渡到以黑洞为主的时代。这些黑洞会以霍金辐射的形式逐渐蒸发，消失在漫漫宇宙之中。最终，宇宙进入黑暗纪元，此时宇宙中已没有任何宏观天体，只剩下冰冷的稳定粒子，如光子和引力子。此时宇宙的温度已经非常低（接近绝对零度），粒子之间也没有了碰撞和能量交换。宇宙失去了活力，处于冻结的状态。尽管这一宇宙图景和最初热寂说的宇宙图景并不完全相同，最终的结果却差不多。

9.2 大坍缩与大撕裂

如果暗能量的能量密度越来越小，并在未来的某刻小于普通物质和暗物质的总能量密度，那么宇宙就会转为减速膨胀。宇宙的膨胀速度越来越小，最终完全"刹车"时，宇宙膨胀到最大值。再之后，宇宙开始收缩，物质之间靠得更近，形成越来越多的黑洞。这些黑洞彼此接近时，会并合成越来越大的黑洞，直到宇宙中的一切都包含在一个黑洞中。宇宙最终重新收缩为一个密度极大的"奇点"，这就是图 9-4 所示的大坍缩（英文名为 Big Crunch，也有人翻译为"大挤压"）宇宙模型。

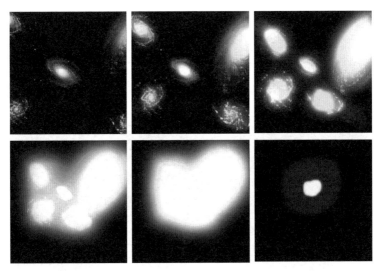

图 9-4　大坍缩宇宙模型的想象图。图片来源：维基百科

　　大坍缩之后会发生什么？有一种可能是，宇宙再次发生大爆炸，从而开启新的宇宙演化之旅。这样一来，宇宙将循环往复。这就是 9.3 节要讲的循环宇宙模型。

　　听起来最恐怖的宇宙归宿是大撕裂（见图 9-5）。如果暗能量的能量密度持续增大，时空膨胀的速度就会迅速增大。时空膨胀速度快到一定程度时，星系之间的引力束缚会被剥离，宇宙中的一切物质和结构会随着宇宙的继续膨胀而被撕碎。在大撕裂结束前的 3 个月，太阳系首先走向解体，行星获得短暂的自由。大撕裂最后的 30 分钟，恒星和行星都被撕得粉碎。在大撕裂最后的瞬间，原子核对外层电子的束缚也败给了宇宙时空的膨胀，原子核也解体了，宇宙从此陷入"万劫不复"的境地。最终宇宙也陷入和热寂说里预言的差不多的境地，甚至比热寂说来得更快，也更彻底。当然，大撕裂即使会发生，也是几百亿年以后的事情了，我们现在无须为之忧虑。

图 9-5　大撕裂宇宙模型下被撕碎的行星想象图。图片来源：视觉中国

9.3　大反弹与循环宇宙

　　大坍缩之后的宇宙会继续演化吗？会不会宇宙归于奇点之后又和 138 亿年前的宇宙一样重新开始膨胀，开启新一轮的宇宙演化之旅？科学家为此提出了大反弹宇宙模型。有趣的是，大反弹宇宙模型还是某些特殊的引力模型的自然推论。比如在圈量子引力模型中，引力的性质在非常高的能量密度下发生改变，表现为排斥力。在这种排斥力作用下，宇宙将弹回膨胀状态——就像弹簧在被压缩到极限后向外反弹——"大反弹"名副其实。反弹标志着上一个宇宙的结束和下一个宇宙的开始（见图 9-6）。

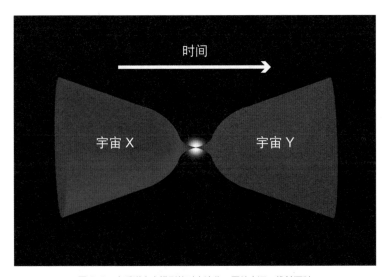

图 9-6　大反弹宇宙模型的时空演化。图片来源：维基百科

如果有大反弹，科学家就会很自然地设想出宇宙循环膨胀－收缩的模型，也就是循环宇宙模型（见图 9-7）。其实早在 20 世纪 20 年代，爱因斯坦就曾提出宇宙循环模型，并把它作为永久膨胀的宇宙模型的替代方案。1922 年，弗里德曼提出了振荡宇宙模型。不过根据热力学第二定律，熵只会增大，这些早期尝试并不成功。直到 21 世纪初，宇宙加速膨胀和暗能量概念的提出才为这一模型带来了希望。

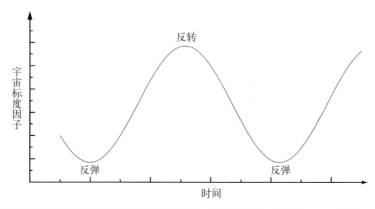

图 9-7　循环宇宙模型预言的宇宙标度因子的演化。图片来源：Hua-Hui Xiong et al. Phys. Lett. B 666:212-217, 2008

循环宇宙模型也被称作振荡宇宙模型，它将大爆炸和大坍缩结合起来作为周期性事件的一部分。如果这个理论成立，我们现在生活的宇宙就处于大爆炸和大坍缩之间。在本次循环的大爆炸起点之前宇宙是否还存在上一世代的循环，我们无从得知。但可以确定的是，如果该模型正确，那么我们的宇宙最终会走向大坍缩，最后缩小为奇点并开启下一次的宇宙大爆炸。这里最难以处理的就是奇点（它在黑洞物理学中也存在）：奇点拥有无限高的能量和密度以及无限小的体积，这种情况下，所有物理定律都不再适用。这是物理学家无法接受的。

最后我们聊一下大爆炸宇宙模型（暗能量的能量密度是一个常数）和循环宇宙模型的区别。大爆炸宇宙模型的时空是一直膨胀下去的，宇宙的终点大概率是寒冷的热寂；循环宇宙模型的膨胀时空是有极限的，膨胀达到顶点后会反向收缩，收缩到奇点或者某种其他程度后就反向重新膨胀，循环往复，没有穷尽——这样的宇宙不会发生热寂或者大撕裂宇宙模型所预测的末日场景。

不论哪种结局，似乎都没有给生命留下躲过一劫的窗口。这一宇宙终极问题的答案，也许并不是我们现在想的这样。揭开宇宙的面纱不是一件容易的事，信奉不可知论的人，可能会认为这一问题没有答案。但无论如何，我们都无须悲观。人类作为宇宙里的过客，就像流星划过天际。我们热爱追寻答案的过程，至于答案本身是什么，我们也许可以试着欣然接受。

第 10 章

结束语

20 世纪初，英国著名物理学家开尔文勋爵在英国皇家学会发表了题为"在热和光动力学理论上空的 19 世纪乌云"的演讲。他首先回顾了物理学已经取得的伟大成就，断言物理学大厦已经落成，后世的物理学家只需做一些简单的修补工作。但物理学的天空仍被两朵乌云笼罩：迈克耳孙－莫雷实验和黑体辐射的"紫外灾难"。正是这两朵乌云，引发了 20 世纪物理学的两场革命：相对论与量子力学。在这两场革命中，出现了一大批功勋卓著的伟大科学家。

21 世纪初，科学家同样做了这样的回顾与展望，但 21 世纪物理学的天空中有了更多的乌云。这些难解之谜可以简单归结为

"两暗一黑三起源"，其中"两暗"是指暗物质和暗能量，"一黑"是指黑洞，"三起源"分别是指宇宙起源、天体起源和宇宙生命起源。这几个终极难题本身就具有无限魅力，吸引着有志青年前赴后继地去探索。

暗物质和暗能量十分神秘，我们只知其存在，对其性质不甚了解。天文学上测量质量有两类方法：光学方法和力学方法。科学家在测量天体质量时发现这两类方法测得的质量不一致。为了解决这个问题，科学家引入了"暗物质"这一概念。暗物质的性质和探测见第 3 章。暗能量的发现牵扯的面比较广，涉及宇宙距离和天体运动速度的测量，见第 4 章和第 5 章。

暗物质和暗能量对宇宙的演化都有决定性影响。暗物质在宇宙演化和星系形成的过程中扮演了极其重要的角色，推动了宇宙各种结构的形成。暗能量驱动宇宙加速膨胀，决定了宇宙的未来。宇宙的起源和大爆炸的历史，详见第 6 章。

天体起源和黑洞与恒星的演化休戚相关，其中涉及诸多粒子物理和核物理过程。所以，我们首先讨论了粒子物理和核物理的基础知识，然后在第 7 章详细讨论了恒星的形成、演化和消亡，以及中子星和黑洞等天体的性质与未解之谜。在第 8 章，我们讨论了星系的形成与演化，以及星系的并合过程。对于宇宙的归宿，我们在第 9 章进行了初步的讨论。

对重大基础问题的探索，永远都在进行时。我在本书中力求用简洁明了的方式向读者介绍现代宇宙学的最新研究进展，尝试说清楚"两暗一黑三起源"，向读者展示恢宏壮阔的现代天文学和宇宙学的研究现状。在这一过程中，我也有了很多感悟。

宇宙是一个"大"与"小"有机统一的整体。早期的宇宙是基本粒子相互作用的载体，现在的宇宙是基本粒子在宇宙膨胀过程中逐渐形成的。《庄子·杂篇·天下》言道："至大无外，谓之大一；至小无内，谓之小一。""至大无外"就是宇宙，"至小无内"就是基本粒子，宇宙学就是一门"至大"与"至小"有机统一的学问。

我们回过头来思考一下第 1 章提出的三个问题："我是谁？我从哪里来？我要到哪里去？"第一个问题是哲学问题，不同的人会给出不同的答案，我们在这里不做展开。对地外生命的搜寻和生命起源的探索，有助于我们弄清楚这一终极的哲学问题。至于第二个和第三个问题，我们已经有了初步的答案：宇宙来自 138 亿年前的一次大爆炸。大爆炸之后，宇宙经历了非常复杂的演化，并在此过程中渐次形成原子、分子、恒星、星系。生命的演化也是宇宙演化的一部分，也许是最绚烂多姿的一部分。我们要去向哪里？现代宇宙学告诉我们，这取决于暗能量所占的比重和它后续的演化行为，还需要进一步研究。

现代宇宙学已经脱离了哲学的范畴，成为一门严谨的学科。大爆炸宇宙模型提供了非常多的可以精确检验的预言。这些预言也被越来越精确的实验测量所证实。随着测量手段的进步，宇宙学的研究已经进入了"精确宇宙学"时代，我们对宇宙的认识也越来越深入。我们来总结一下宇宙中的元素都是怎么来的。一些轻核元素，如氢、氦，来自宇宙大爆炸之后的元素核合成。其他轻核元素一直到铁元素，来自恒星内部的核反应过程。比铁更重的元素的起源其实还不明确。最普遍的观点是，它们来自中子星的并合过程。

关于"三起源"中的宇宙生命起源，我发展了一个新的猜想——星云中继假说，并著有一本科普书，即《宇宙的胎动：在深空中寻找生命起源》，感兴趣的读者可以找来阅读。

探寻宇宙的奥秘，也会给人生一些启迪。学过宇宙学，你会发现人类的渺小和人生的短暂。烦恼的时候，试着抬头仰望星空，想想无垠的宇宙，也许烦恼会烟消云散。当然，我们也不要走向另外一个极端，因为人的渺小而怀疑人生的意义。生命是一份异常珍贵的礼物，应好好把握，活出精彩。

宇宙的本质，我们真的可以理解吗？宋代诗人吴潜在《满江红·齐山绣春台》中写道："问古今、宇宙竟如何，无人省。"当然，现代宇宙学家并没有这么悲观。经过多年的努力，我们取得了很大的成就，也许人类已经初步窥探到了宇宙的"密码"。我希望本书能打开一扇大门，启发一部分读者走上宇宙学研究的道路。

最后以我胡诌的一首并不怎么押韵的诗作为本书的结束，它也代表了我本人对宇宙的一些粗浅理解。

道一生万物，

规范亦拓扑。

宇宙存本真，

思之天地孤。